管廊机器人技术及应用

王平　编著

天津大学出版社
TIANJIN UNIVERSITY PRESS

图书在版编目（CIP）数据

管廊机器人技术及应用 / 王平编著. -- 天津 : 天津大学出版社, 2022.9

ISBN 978-7-5618-7314-4

Ⅰ. ①管… Ⅱ. ①王… Ⅲ. ①机器人 Ⅳ. ①TP242

中国版本图书馆CIP数据核字(2022)第173387号

GUANLANG JIQIREN JISHU JI YINGYONG

出版发行 天津大学出版社
地　　址 天津市卫津路92号天津大学内（邮编：300072）
电　　话 发行部：022-27403647
网　　址 www.tjupress.com.cn
印　　刷 北京虎彩文化传播有限公司
经　　销 全国各地新华书店
开　　本 185mm×260mm
印　　张 9.375
字　　数 234千
版　　次 2022年9月第1版
印　　次 2022年9月第1次
定　　价 38.00元

编委会名单

编　著：王　平

副主编：贾银亮　李成洋　许　勇　唐达昆

编　委：吴海君　徐维磊　闵济海　刘国雄
杜军良　李　勇　钟云伦　杨　圆
耿　明　张兆珩　王博凡　朱　江
刘　辉　彭方进　张俊岭　何　杰
罗小华　朱　东　赵杜飞

前　言

随着城市建设的高速发展，原本单独埋于地下的电力、通信，燃气、供热、给排水等各种工程管线，越来越多的集中纳入到综合管廊中。综合管廊是将各种工程管线集于一体的地下城市管道综合走廊，实施统一规划、统一设计、统一建设和管理，是保障城市运行的重要基础设施和 " 生命线 "。综合管廊设有专门的检修口、吊装口和监测系统，具备对其中的管道设施进行检测和维护的便利条件。采用专用的机器人对管廊中的管道设施进行巡检和故障排查，是近年来越来越多的得到应用。

本书属于智能控制与机器人方面的著作，结合管廊机器人系统的设计原理与机器人操作的应用实现完成全书。本书分为十章，其中第一章介绍管廊机器人的应用背景和需求指标；第二章阐述机器人本体技术；第三章详细描述机器人的传感器技术；第四章阐述管廊机器人管道泄漏、腐蚀、缺陷、气体、环境等多种检测技术；第五章阐述管廊机器人软件部分；第六章阐述机器人供电技术；第七章阐述机器人控制和远程操控技术；第八章阐述管廊机器人管理服务器；第九章描述机器人运行环境、轨道、充电装置；第十章阐述机器人可靠性技术及安全防护。全书从机器人的应用背景出发，从内到外阐述机器人的主要构成、外部传感设备以及根据机器人进行开发的功能，对想要从零开始学习机器人相关技术的技术人员具有学习和参考的价值。

本书得到国家科技部物联网和智慧城市专项重点研发计划“城市地下基础设施运行综合监测关键技术研究与示范”项目的支持。本书第 1-3 章由王平编写、第 5-7 章由邱邵峰编写，第 4 章由贾银亮编写，第 8 章由李成洋编写，第 9 章由许勇编写，第 10 章由唐达昆编写，参与本书编写工作的还有吴海君、徐维磊、闵济海、刘国雄、杜军良、李勇、钟云伦、杨圆、耿明、张兆珩、王博凡、朱江、刘辉、彭方进、张俊岭、何杰、罗小华、朱东、赵杜飞诸位。在此谨向每一位为本书的编写做出贡献的人表示衷心的感谢。书中还部分引用了国内外同行学者的一些研究成果，在此一并致谢。本书的组织和撰写，得到了南京航空航天大学、中铁第四勘察设计院集团有限公司、武汉大学、南京天创电子技术有限公司、中铁十一局集团有限公司等单位的大力支持和无私帮助，在此谨表谢意。同时，特别感谢天津大学出版社对本书出版的大力支持和无私帮助。

由于编著水平有限，疏漏与缺欠之处在所难免，敬请读者批评指正。

编者

2022 年 9 月

目　　录

第 1 章　管廊机器人的应用背景和需求指标

1.1　应用背景和需求

1.1.1　管廊综述

综合管廊是在城市地下建立的一种综合管廊空间，把城市供电、通信、煤气、供暖、给排水等各种工程管线融为一体。综合管廊的存在，不但能够缓解城市交通问题，还大大便利了供电、通信等市政基础设施的维护与检修，并且其还具备了一定的防震减灾功能，它对于解决城市人民基本需要和增强城市综合承载力，起到了举足轻重的作用。

综合管廊可以将城市的各种管线进行高效的连接与敷设，管廊内设有采光、通气的设备。

目前，全国共有 25 个城市被选为地下综合管廊试点城市（2015 年 10 个，2016 年 15 个），见表 1-1。

表 1-1　地下综合管廊试点城市

2015	包头、沈阳、哈尔滨、苏州、厦门、十堰、长沙、海口、六盘水、白银
2016	郑州、广州、石家庄、四平、青岛、威海、杭州、保山、南宁、银川、平潭、景德镇、成都、合肥、海东

由于城市规划范围的日益扩大，综合管廊的规模也在逐步扩大，综合管廊的日常维修越来越麻烦。传统的管廊管理模式问题逐渐凸显，主要问题有：由于管廊的物理结构越来越复杂，各种管道层叠设置，必然导致准确定位出现困难，亟需准确的定位设备以迅速找到故障地点；管廊内的管道类型复杂，涉及供电管道、煤气管道、综合管道等，不同管道巡检要求不同，因此对巡检人员的技术要求较高，普通巡检人员很难胜任；人工日常巡检安全风险系数较高，因为综合管廊内有强电和各种有毒有害气体，所以综合管廊的建设在安全技术方面的要求特别高。

单靠人力巡检经常会出现信息不全、不系统的问题，即使安排工作人员开展定期巡检，巡检的工作人员往往受技能、经验、心理、技术条件等各种因素影响与制约，无法及时准确传递检测信息并进行故障处理，所以防范和处置措施基本是采取传统的思维方式，被动地检查与防范，小隐患通常会造成重大事故，轻则断水、断电、停气，重则造成人员伤亡，严重威胁着人民群众的安全与城市正常运行秩序。

管廊巡检机器人可以减少在人工巡检工作中的风险，而且也会克服人工巡检时负荷太重的弊端。相对于传统人工巡检方法，采用综合管廊工业机器人技术有着如下优点。

（1）安全性：管廊巡检人员经常处在昏暗、潮湿、幽闭且狭长的空气环境，这种环境存在有毒有害气体、泄漏的煤气和强电等安全隐患，这不可避免地会对巡检工作人员的身心造成一些影响。机器人不存在上述问题，当出现突发状况时，机器人能够取代管廊巡检人员完成故障探测、现场通信、消防等工作。

（2）实时性：地下水管廊短则几千米、长则数十千米，且内部结构复杂，检修工作具有设备数量多、定位复杂的特点。发生重大故障时必须迅速正确定位。人工巡检收集的信息容易存在不全面、不规范、滞后等问题。使用管廊巡检机器人则能够高效、实时、全天候、系统化收集巡检数据。

（3）分析与预测性：管廊巡检机器人能够收集大规模构件化的管理运维数据，并基于大数据分析，结合管廊运营特性和管理相关经验数据分析，构建管理运维分析模型进行数据分析与预报。主要针对家庭供电、热力、煤气等系统进行高温和热限报警。

（4）经济性：由于管廊的人工巡检工作环境恶劣且存在一些风险，其生产成本逐年上升。管廊式巡检机器人的生产成本相对较低，具有运营成本小，收费低，且可以二十四小时进行数据分析等诸多优点。

1.1.2 常见病害

综合管廊作为大型城市的生命线，对于促进城市线路布局的整体性做出了较大贡献。但是管廊长度大、轴流式强度小且容易受到各种地质条件的影响，使其呈现特有的病害特征。一旦对上述病害无法进行有效处置，就会发生严重安全隐患，造成各类次生灾害，进而导致经济严重损失以及危害城市的日常工作。其常见病害主要分为：结构病害、线缆病害、管道病害。

1）结构病害

（1）渗漏水：管廊作为一个混凝土建筑物，费用高昂，它的建筑病害一般分为裂缝、渗漏水、模筑衬砌裂损、衬砌锈蚀等，其中渗漏水病害非常严峻和突出。管廊内水害频繁，严重威胁着包括供电、通信等管道系统的正常安全运行。我们应该注意管廊水害，深层剖析水害成因，并进行水情检测。水情检测主要包括监测渗漏点位、渗水段水位和流速。

（2）变形：管廊病害多由建筑结构变形引起，后逐渐发展为更严重、不易处理的结构病害。变形分为衬砌变形和截面变形。衬砌变形主要包括断面变形、衬砌错台错缝和边墙下沉等，截面变形又分为结构沉降变形、结构收敛。这些变形通常使用激光扫描进行监测，通常需要配合压差型沉降仪、倾角检测仪、三轴测振仪等装置。

（3）开裂：裂缝可以使设计强度急剧下降，从而引起衬砌结构的突然失稳和坍落，或产生其他严重后果。衬砌裂缝的动态监控，是利用应变片及自动数据采集系统对裂缝进行全天候实时监控，了解裂纹发展趋势，并进行预防性监测。

（4）土建结构受力：病害严重区域的构件安全性和耐久性可能会降低，该区域地段还需要做好水泥和钢材的承载力检测。结构承载力主要包括混凝土应力、钢筋应力和锚杆内力等。

2)线缆病害

线缆可分为高压线缆和低压线缆。高压电缆与低压线缆的问题各有许多特点,高压线缆会产生局部的放电电流问题,而低压线缆可能会产生开路、短接和断线三个状况(当然,高压线缆也包含这三个状况),而大部分低压线缆在故障点处都有显著的烧焦破坏痕迹。此外,由于低压线缆敷设的随机性较大,路径无法明确,且在敷设时不像高压线缆一样被填沙加砖后深埋处理,埋深较浅,反而易被外力破坏而引发故障。因此,需要对线缆的破损、线缆温度以及线缆的局部放电进行检测。

(1)针对线缆温度,市场上最常使用的检测工具是近红外线热成像仪,其能够对管廊巡检机器人视线内的各种电缆进行区域性的扫描式温度采集并及时检测线缆的温度。

(2)针对局部放电,市场上最常使用的检测工具是超声波传感器和电磁波传感器。导线在局部放电时会形成超声波,超声波传感器能够把接收到的超声信息转变成电信号。由于电缆在局部放电时形成的声音信息波段范围较广,需要将超声波传感器紧贴电缆才能保证检测精度。电缆本身及配件进行局部放电时会发射超高频波,可以利用电磁波传感器监测电磁波的方法进行放电位置的定位,安装位置也需要靠近电缆。

3)管道病害

综合管廊主要管道有两类,燃气管道和水输送管道。虽然运输种类不同,但是管道主要表现病害基本一致。

(1)燃气泄漏,燃气管道发生泄漏会造成火灾甚至爆炸。针对燃气泄漏的静态监测方法是采用流量计、气体传感器进行监测,动态监测方法是使用管道内检测机器人进行监测。

(2)管道老化,管道长时间的运营会造成管道老化,最终形成管道泄漏,为了避免管道泄漏,就要对管道进行实时监测。主要监测方法是采用光纤监测、电磁监测、超声波监测等。

(3)扣件缺失破损,管道固定扣件是保障管道强度的关键,如果扣件发生缺失或者破损,可能会造成管道的断裂。目前主要监测方式是采用摄像机拍摄,然后通过人员查看。

4)设备状态

管廊中装有大量不同类型的设施,如风机、泵、球体检测仪等环境设备,配电箱等电力设备,照明设备,报警装置,消防仪器,等。这些设施的监控主要通过摄像机来完成,利用摄像机实时收集管廊现场的视频监测数据,掌握每个设施的工作状况与参数,并上传至后台管理,当设备发生运行异常时,在报警的同时,能够对设备进行相应的控制(断电或者停止)。

5)环境状态

在管廊内的环保监测主要涉及管廊内的温度监测、湿度监测、氧气含量监测、二氧化碳浓度监测、有毒气体监测、易燃气体监测、水位监测、火灾监测和障碍物监测等等。以上各种监测工作均采用相应的传感器完成。

1.2 机器人发展现状

1.2.1 概述

随着智能控制、机械、通信、电子等技术的进步与发展，机器人技术及其产业在生活中的方方面面发挥着重要作用。人类对于机器人有着长期的刚性需求，主要有以下原因：机器人是制造业发展的基石；在工业上应用可以提升精度和效率；机器人产业可以应用到如医疗、教育、服务、军事等诸多方面。研究机器人产业具有重要的社会价值。

在过去的几十年里，制造业得到了快速发展。但是，全球化经济模式已明显改变了制造业的格局。随着劳动力成本的提高，大量劳动密集型产业面临转型升级和区域性转移的挑战。工业机器人具有工作效率高、稳定可靠、重复精度好、能在高危环境下作业等优势，在传统制造业，特别是劳动密集型产业的转型升级中可发挥重要作用。

1.2.2 机器人的发展过程

科学的发展带动着机器人产业的发展，现今很多前沿技术在机器人产业均有应用，可以说机器人的发展史也是世界科技发展史的缩影。

机器人的发展大体可概括为三个阶段。第一阶段的机器人只有“手”，即以固定程序工作，对外界的信息没有反馈互动能力；第二阶段的机器人具有了一定的反馈能力，即有了感觉，如力觉、触觉、视觉等；第三阶段，即“智能机器人”阶段，这一阶段的机器人已具有如自行学习、推理、决策、规划等自主处理事务的能力。

第一代机器人一般可以根据编程人员所固化的程序，完成一些简单的重复性工作。这一带机器人从 20 世纪 60 年代后半期开始投入使用，由于其操作简单，可靠性高，成本低廉，现已在很多中小型工厂中得到了普遍应用。

第二代是感知机器人，即自适应机器人，该类型机器人在前一代机器人机械结构、电气结构的基础上增加了“感知”的能力。目前，在汽车、航空、船舶等自动化生产线中具有广泛的应用。其工作效率、工作能力较第一代机器人有明显提升。

第三代机器人将具有识别、推理、规划和学习等智能机制，它可以把感知和行动智能化结合起来，因此能在非特定的环境下作业，故称之为智能机器人。目前，这类机器人处于试验阶段，将向实用化方向发展。

在过去的 30~40 年间，机器人学和机器人技术获得引人注目的发展，具体体现在以下方面。

（1）机器人产业在全世界迅速发展。

（2）机器人的应用范围遍及工业、科技和国防的各个领域。

（3）形成了新的学科——机器人学。

（4）机器人向智能化方向发展。

（5）服务机器人成为机器人的新秀。

1.2.3 机器人发展现状及其分类

机器人是先进制造技术及自动化装备的典型代表，是人类制造机器的终极形式。其需要的理论及实践知识包罗万象，涉及机械、电子、液压、自动控制原理、计算机、人工智能、传感器及其应用、通信技术、网络技术等多个学科及领域，是多种高科技技术理论的集成成果。

机器人应用的领域主要分为两方面，制造业领域和非制造业领域。本文以制造业机器人（即工业机器人）和非制造业机器人两类进行简述。

1. 工业机器人

"工业机器人"一词由《美国金属市场报》于1960年提出，经美国机器人协会定义为"用来搬运机械部件或工件的、可编程序的多功能操作器，或通过改变程序可以完成各种工作的特殊机械装置"。这一定义现已被国际标准化组织所采纳。

随着工业机器人发展深度和广度的延伸及其智能水平的提高，工业机器人已在众多领域得到了应用。目前，工业机器人已广泛应用于汽车及汽车零部件制造业、机械加工行业、电子电气行业、橡胶及塑料工业、食品工业、木材与家具制造业等领域中。在工业生产中，弧焊机器人、点焊机器人、分配机器人、装配机器人、喷漆机器人及搬运机器人等工业机器人都已被大量采用，并从传统的制造领域向非制造领域延伸，如采矿机器人、建筑业机器人以及水电系统用于维护维修的机器人等。在国防军事、医疗卫生、食品加工、生活服务等领域，工业机器人的应用也越来越多。

2. 工业机器人的结构

工业机器人作为借助现代高新技术研发出来的一个系统工程产品，其主要结构包括人机操作界面、运动控制器及驱动器，同时还包括机器人机械本体。其中，人机界面的作用是指挥系统，负责将操作人员的意志转化为机器人的实际操作动作，也就是命令指挥中心；运动控制器的功能是在接到人机界面发出的指令后，负责协调各个构件执行具体动作，确保机器人正确按照人机界面发出的指令和要求工作，是执行运动机构；驱动器的功能主要是为运动控制器提供动力，也就是动力源；机械本体就是动作执行机构，负责执行人机界面发出的指令，是完成各种动作的最直接部件，包括各种动作执行机构。另外，还有传感器等一些能够协助机器人机械本体检测机位、受力、温度、光照等周边工作环境的辅助装置。这些部件之间紧密联系、相互协作，最终形成一个闭环的工程系统。因此，工业机器人在完成相关指令操作时，各个构件形成一个相互协调配合的复杂系统，最终通过人机协调实现操作人员意愿，共同发挥出应有的功能。

3. 工业机器人的分类

从传统实践来看，工业机器人主要依据关键技术的发展和承载力的高低分类。从关键技术特点方面来划分，通常将工业机器人划分为3代：智能机器人、示教再现工业机器人和离线编程机器人。不断更新换代的工业机器人能够带来更多功能方面的丰富和优化，从而在生产、生活中为人们提供更多优质的服务。针对工业机器人能够承担的工作能力来划分，可以将其划分为超大型机器人、大型机器人、中型机器人、小型机器人和微型机器人。在使用过程中，要正确分析工作中需要承担的最大标称质量，再根据说明书载明的最大荷载力来选取合适型号的机器人，避免造成资源浪费或者是机器损伤。在当前国家对智能机器人的研发高度重视的背景下，工业机器人即将迎来更多发展的好政策和机遇，这也会给智能机器人的推广应用带来很大的发展空间，能够给各领域和行业的发展注入新动能。在研究发展工业机器人时，应重点从其基本属性方面考虑，比如分析应用范围、关键核心技术、最大承担工作载荷能力等，这些都是应该用作划分参考依据的。如果把应用领域作为划分工业机器人的依据，就不难发现，工业机器人在社会经济生活等诸多领域应用十分广泛，比如医学、采矿、装卸等。在军事领域其应用更为广泛，在战场上可以代替军人完成一些危险的军事任务。

1.2.4 工业机器人发展现状

1. 国外发展现状

追溯工业机器人的历史渊源，最初主要是用于汽车制造领域。早在20世纪60年代，美国的汽车制造企业就已经开始在生产环节运用工业机器人。这也是工业机器人正式为人类生产活动提供服务的标志，在机器人的发展历史中具有里程碑式的意义。在随后较长一段时期内，通过科研人员不断改进和完善，美国成为当今具有最为成熟机器人技术的国家，奠定了美国在工业机器人领域的领先地位，这也为长期巩固美国工业强国的地位提供了技术支撑。20世纪80年代以来，日本、俄罗斯和众多西方发达国家的工业机器人研发工作也取得了长足进步，很多工业机器人水平在某些领域也具有与美国相当的实力，呈现出了多极化发展，百花齐放的局面，也促使工业机器人向着更加智能化和标准化方向努力，也更有利于促进世界工业化良性快速发展。

2. 国内发展现状

工业机器人具有降低制造成本、减轻劳动强度和安全性高的显著特点。我国作为世界上的工业制造大国，对于工业机器人的需求更加迫切。为了在工业机器人研发和应用领域抢占一席阵地，国内在20世纪70年代就已经开展工业机器人研发应用工作。在第七个五年计划期间，重点加强了对电子技术、智能技术、机械技术、基础元器件和工业机器人的研究开发工作，走出了一条具有中国特色的机器人产业发展新路子。20世纪90年代期间，国内工业机器人已逐步进入了生产应用环节。特别是在第九个五年计划期间，国家依托“863”项目的支持，先后建立了新松机器人和北京机械工业自动化所等9家智能机器人研发基地，并在20世纪末期就进入了市场流通，使工业机器人产业进入了加速发展的快车道。21世纪以来，国内工业机器人市场需求火爆，每年的增长率在15%~20%，主要应用在汽车装配领域，机器人可以从事焊接、检测、装配、搬运、打磨、抛光等工种。从市场领域来看，国内工业机器人主要面向国内市场，也有少量出口国外。从市场前景来看，国内工业机器人仍有十分广阔的市场空间与发展前景。不过，在技术手段方面，我国的机器人研发与美国、日本等有一定差距，但这些差距也在逐步缩小，甚至在某些领域要领先于这些国家。特别是我国在量子技术的研发应用领域，也有了自己比较成熟的技术体系，在当今工业机器人研发领域，走在了同类产品前列。

1.2.5　工业机器人应用举例

1. 机器人自动化装配线

由于机器人具有智能化、精度高、效率高等特点，其在发动机、变速箱等车辆核心部件装配生产线上的应用日益广泛。

马丁路德公司的摩托车发动机装配线如图1-1所示。装配工作台由2台FANUC机器人组成，实现了连杆、曲轴、活塞、缸盖、缸体的自动化传送和装配，采用视觉系统与力控软件，以适当的力度不断轻推零件，使其以很小的接触力滑入就位，保证工件不受损伤。

图1-1　摩托车发动机机器人装配线

2. 搬运机器人

为了提高自动化程度和生产效率，制造企业通常需要快速高效的物流线来贯穿整个产品的生产及包装的过程，搬运机器人在物流线中发挥着举足轻重的作用。其一方面具有人难以达到的精度和效率，另一方面可以承担大质量和高频率的搬运作业，因此被广泛应用在搬运、码垛、装箱、包装和分拣作业中。

3. 打磨抛光机器人

机械零件形状不断向复杂化、多样化发展，实现打磨抛光工艺的机器人少有统一的工作方式。在打磨抛光加工中，机器人的工作方式有两种，一是机器人夹持被加工工件贴近加工工具，如砂轮、砂带等，进行打磨抛光加工；另一种方法是机器人夹持打磨抛光加工工具，贴近工件进行加工。

4. 移动式工业机器人

对于大尺寸工件的制造，如航空航天产品，传统的工业机器人无法胜任。首先，大尺寸工件由于质量和尺寸巨大，不易移动；其次，工业机器人相对工件而言尺寸不足，如果单纯地按比例放大，机器人制造和控制成本将十分高昂。因此，移动式工业机器人是一个很好的解决方案。

5. 码垛机器人

最早将工业机器人技术用于物体的码放和搬运的国家是日本和瑞典。20 世纪 70 年代末,日本第一次将机器人技术用于码垛作业。1974 年,瑞典 ABB 公司研发了全球第一台全电控式工业机器人 IRB6,主要应用于工件的取放和物料的搬运。此外,德国、意大利、韩国等国家工业机器人的研发水平也相当高。

1.2.6 工业机器人未来发展趋势

1. 进一步找准工业机器人的发展定位

21 世纪是知识爆炸的时代。随着经济全球化的进程不断加快,人工劳动力成本逐年增加,机器人自身的显著特征决定了其在未来工业上的应用越来越广泛。按照时代发展规律,工业机器人在未来工业应用中要满足灵活、价低、安全可靠基本要求。机器人研发机构应围绕这些要求,着力在科学划分各功能模块方面下功夫,以满足不同客户的个性需求,并可通过优化部分配件结构,使其功能得到更加全面的发挥。此外,由于机器人特有的精密属性,要重点防止其在运输和使用过程中的损坏,因为其维修和更新成本将会导致企业生产成本增加。因此,在研发工业机器人时,其应用经济性也应作为一个重要因素来重点关注。

2. 改进和优化机器人机体结构

随着世界各种文化思潮的共生交融,很多常用的电子产品也充分迎合人们的个性需求,做了相应的变革和优化,实用性、便携式往往成为主要潮流。比如,计算机越来越趋向于便携式,手机也是从最初笨重的"大哥大"演化而来的,彰显了鲜明的时代特征。针对工业机器人作业环境的变化,研发和生产机构应把研究重心侧重于能够满足更多恶劣极端环境的深潜机器人、排爆机器人、空天机器人、搜救机器人等不同类型,甚至还可以研发出借助人力实施医疗手术的医用机器人。针对不同用途的机器人,在设计其机体结构时要有所侧重,如:搜救机器人要考虑其是否能够在复杂环境下通行;而医用手术机器人则可以结合微创手术的特征来进行设计,尽量做到小之又小,尽量减少对人体组织的创伤。总之,个性化需求也必将是未来工业机器人的一个重点方向。

3. 高科技应用机器人将成为重要研发方向

机器人能够成为"人",其最关键的特征就是能够具有思维能力。未来机器人的一个重要研发方向应该是融合更多的人工智能。如果机器人缺乏了人工智能,其与传统生产车间里普通作业机械没有本质上的差别。随着经济不断发展,很多应用领域对高智能化的机器人需求更加旺盛。在未来研究方向,机器人应该是"十八般武艺"样样精通。从当前能够看到的除险机器人、深潜机器人等应用领域来分析,人工智能的嵌入要保证机器人具有一定的独立思考能力,能应对复杂环境下的工作需要。

1.2.7 非工业机器人应用举例

由于技术进步, 制造成本下降,机器人正悄无声息地进入平常人的生活、学习和工作中. 它们可以做家务, 在战场上侦察,甚至还可以自主进行精细的手术。在教育、医疗、军事和服务行业中，小型的非工业机器人正发挥着重要的作用。由于这并非重点介绍内容，故下文仅列举几个典型实例。

1. 教育机器人

教育机器人是以激发学生学习兴趣、培养学生综合能力为目标的机器人成品、套装或散件，它除了机器人机体本身之外，还有相应的控制软件和教学课本等。

近年来，教育机器人逐步成为中小学技术课程和综合实践课程的良好载体。目前常见的教育机器人既有类人形的教育机器人，也有非人形的机器人。青少年可以与机器人实现基本的互动交流，并可以对机器人的结构功能进行改装扩展。如图 1-2 所示，该学生操控的机器人属于可进行拆解、重组、功能扩展的机器人。通过了解机器人的结构部件和所需知识等，操控者可较为便捷地掌握机器人的基础功能，并开拓思维进行创新。

图 1-2　2016 年洛阳智能装备展览会展出的教育机器人

2. 炒菜机器人

炒菜机器人不仅实现了煎、炒、炸等中式烹饪技术的智能化，还可以轻松做出意大利、希腊、法国等国的风味菜肴。机器人自动炒菜机实现了炒菜过程的自动化，只需轻轻一按，就可以享受到世界各地的地道美食，烹饪过程不粘不糊不溢，而且安全、节能、无油烟。

3. 医疗机器人

随着机器人产业的快速发展，医疗机器人的发展已经得到了全球高度关注。随着我国人口老龄化的加剧和科技的发展，人们对生活各个方面的要求也在提高。以医疗机器人为代表的服务机器人蕴藏着极大的发展空间，未来的市场规模很可能会超过工业机器人。美国已经把手术治疗机器（如图 1-3 所示）、假肢机器人、康复机器人、心理康复辅助机器人、个人护理机器人、智能健康监控系统定为未来发展的六大研究方向。

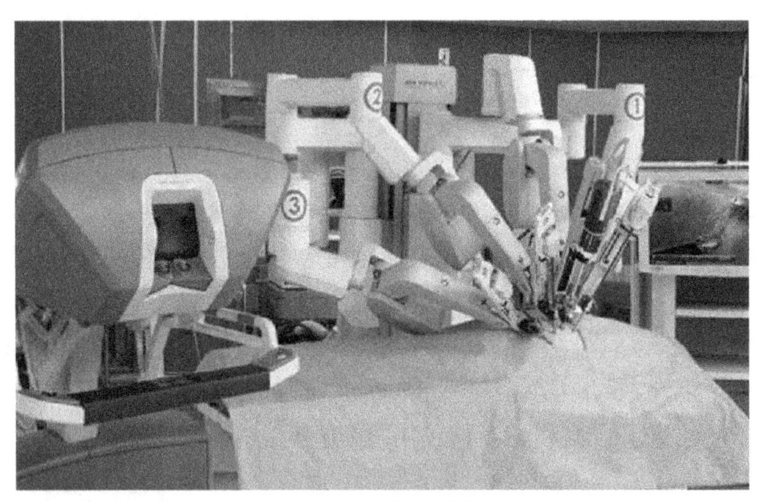

图 1-3 手术机器人

4. 军事机器人

在国防事业中，机器人也已经在悄然地发挥作用。因其具有常规作战人员不具备的优点：灵敏度高、载重能力强、高续航能力，所以可在特殊场合进行特种作战任务，最重要的是可以减少人员的伤亡。其在战场上可进行电子干扰、信息采集、侦察、突击、排雷、爆破、运输等任务。

1.3 管廊机器人发展现状

1.3.1 概述

目前，综合管廊的监测主要依靠监控与报警系统，采用固定式的传感器或信号监测方式，如固定的环境传感器、摄像机和其他系统的监测信号，能够实现人员安全防范、环境与火灾探测、电气设备监测、应急通信等功能，并通过地理信息系统和统一管理平台实现管廊和管线等数据共享和日常运营管理。这种传统的固定式监测方式一般扩展和升级成本高，在长距离的综合管廊中极易存在监测盲点，需要以人工巡检作为补充。机器人作为一种移动式监测方式，可以用来辅助或替代人工巡检。它与传统的固定式监测方式构成动静互补的监测体系，能够提升综合管廊监测数据完整性和及时性，降低数据采集成本和人工巡检劳动强度。图 1-4 给出综合管廊巡检机器人的一种应用建议方案。

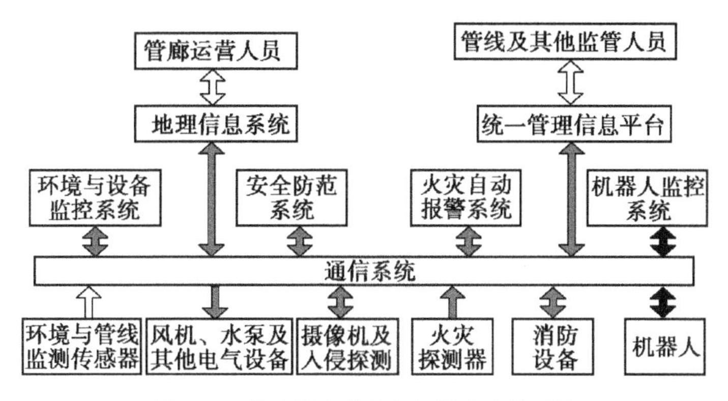

图1-4　综合管廊监控与机器人巡检系统

目前综合管廊巡检机器人主要采用轮式或履带式机器人等传统机器人搭载单反相机或云台式相机进行视觉巡检,在巡检效率和质量之间存在矛盾。若要机器人实现精细化巡检,需要其保持静止并人工控制相机或云台,这样会导致机器人巡检效率低和自主控制难度大,无法有效通过增加云台相机数量来提高检测覆盖率并减少漏检。此外,无法对大量图像信息进行智能分析,需要通过人工进行识别处理,导致机器人实用性不足,无法有效替代人工巡检。

视觉遮挡、缺陷演变的缓慢性与随机性、专业无损检测设备的复杂性等因素的存在,使得开发具有管线内部检测功能的机器人技术难度大,现有综合管廊巡检机器人的功能集中在日常视觉巡检,用于辅助人工进行巡检,大量的图像信息还需要通过人工识别。虽然综合管廊及其内部管线隶属不同管理单位,但是研究能够对管线进行定期、自主式、专业化巡检的机器人并进行图像的自动识别是未来综合管廊巡检机器人的主要发展方向。

此外,综合管廊应急机器人的研究还是空白,特别是在地震、爆炸、水淹等事故后的应急侦察和人员搜救方面。在应急环境下,腿足式机器人、无人机等多种形态的机器人协同作业也许是一种比较可行的技术方向。研发能够适应地下管廊应急环境的机器人技术也是未来的重要发展方向。

由于缺乏统一的标准,机器人供应商为了形成垄断地位容易设置技术壁垒(如采用不同的导轨),导致机器人难以通用化,从而增加了机器人的应用成本。此外,综合管廊与管线运营单位一般相互独立,在数据接口和规范标准上也很难统一,容易存在信息孤岛,增加了对机器人数据进行综合分析与应用的难度。为了进一步降低机器人应用成本,采用模块化的设计并建立检测技术、机器人运动平台、数据接口方面的标准也是推动综合管廊巡检机器人技术应用的主要方向。

现有机器人检测技术主要集中在机器人本身,还未能充分利用综合管廊、管线运维平台以及机器人的大量历史数据。随着大数据分析技术的进步,根据历史数据和机器人巡检数据对设施状态进行预测和安全评价,实现综合管廊的精准维修和全寿命周期安全管理,也是当前技术发展的重要方向。

1.3.2 管廊机器人国内研究现状

李金良等人针对综合管廊的安全运维与管理的需求，设计了一种集巡检和消防灭火功能于一体的管廊消防巡检机器人。该机器人由机器人本体、灭火器、机械臂和智能检测系统构成。介绍了机器人的总体结构及功能，建立了机械臂的 D-H 坐标系，对机械臂进行正、逆运动学分析。运用蒙特卡洛法及 MATLAB 软件对机器人机械臂的工作空间进行仿真与分析，得到不同情况下的机械臂末端的工作空间，仿真结果验证了机械臂可灵活满足机器人的工作要求，为后续管廊消防巡检机器人的控制工作和优化设计奠定了基础。

李昌采取 K 最邻近（KNN）算法和单步多框检测器（SSD）算法，创造性地将深度学习的 SSD 目标定位方法和电力机器人作业进行结合，实现了对故障位置进行精准定位。且针对局部放电，根据实际情况采用超声波法、特高频方法、暂态地电波方法，实现局部定位。

刘贵等人针对厦门集美新区的地下管廊，通过传感器、信号网络、服务器和控制器等硬件设施，采集管廊内各种数据信息，再利用物联云计算、通信技术、BIM（建筑信息模型）、GIS（地理信息系统）等技术，将各种管廊数据集成、计算、综合分析，研究出一套综合管廊全生命周期的健康监测管控系统。

张申毅等人为了满足地下综合管廊智能化巡检的需求及弥补传统人工巡检作业的缺陷，设计了一种基于 STM32 的轨道式巡检机器人控制系统。该系统采用 STM32 F407ZGT6 作为微处理器，通过 AD（模数转换）采样、光耦隔离、RS485 通信等模块对传感器及里程计信号进行处理。采用速度 - 位置双模式匹配运动控制方法与模糊控制器提高定位精度与响应速度。同时用 QT 开发框架设计了上位机监控界面，可实时监控机器人的运动状态与传感器数据。

传统的检测需要人工观察机器人传回的实时视频，检测的成本较高，同时无法保证检测的准确率。目标检测算法可以实时地检测视频中管廊常出现的缺陷，不需要人工观察，同时检测的精度较高。因此，吕灿针对传统管廊机器人图形处理能力较低的现状，研究了 YOLOv3-Tiny 目标检测算法的改进以及改进后的目标检测算法在管廊缺陷检测中的应用。

刘诺晨借助三维可视化技术、物联网技术、大数据分析技术建立综合管廊的智慧运维平台。首先通过 BIM 建立城市地下综合管廊三维模型，对城市地下综合管廊进行详细的展示，从而实现城市地下综合管廊的可视化和全景模拟。其次通过物联网技术对城市地下综合管廊的实时数据进行上传并存储，物联网通过智能感知和通信技术，实现对城市地下综合管廊的智能化管理。

Li Cui 等人设计了一种基于目测技术的管道焊缝质量检测机器人。巡检员通过 WiFi 控制管道机器人的电机、灯光和摄像机，实现机器人的准确定位和实时图像的拍摄和传输。使用编码器记录机器人的运动距离，确保机器人的准确定位；通过调整电机速度，确保管道机器人机体的水平，通过调整平移倾斜的高度和旋转角度，确保摄像机将焊缝图像径向拍摄到管道中心，实现了初步判断焊缝质量的目的。

国内管廊机器人的研究主要包括：研发制造满足相应需求的机器人；针对缺陷的识别算法或者相关识别算法的改进进行研究；还有针对管廊监控建立相关智能化管理平台，优化管廊机器人的管理以及提高操作便利性等方面的研究。

1.3.3　管廊机器人国外研究现状

Jaime Valls Miro 等人采用一种具有无损检测（NDT）传感功能的检测机器人，实现了金属管道剩余壁厚的现场自动检测。在关键基础设施状况评估的背景下，管道中任意部分的完整性是由定制的机器人运动学配置导出的，该配置允许在周向和纵向上通过 NDT 传感识别管壁厚度，并保证传感器从管壁偏移到管壁。收集的数据不仅代表了资产管理公司对管道状况的直观理解，而且还构成了剩余寿命计算的定量输入，该计算定义了管道未来更新或维修的可能性。

Hemavathi 等人设计了一种用于管道内检测的自动机器人，提供了一种简便的检测管道内裂纹和障碍物的方法。根据管道物理尺寸的要求，设计了管道检测机器人的机械模型。检查机器人的基本设计由机器人机体组成，并将额定值为 9 V 和 35 r/min 的直流电机连接在车轮上，使机器人前后移动。该电子电路由一个 H 桥和 Arduino Uno 开发板组成，它反过来控制直流电机和传感器的整个连接。该机器人可以检测管道内部的裂缝和障碍物，也允许通过串行通信的方式进行通信。

Atsushi Kakogawa 等人提出了一种全半球轮多链铰接机器人，为了快速适应绕管，机器人整体滚动运动而不前后移动。然而，这要求滚动执行机构以牺牲驱动力为代价来代替驱动执行器。此外，到目前为止，适应各种管道所需的驱动轮、扭转弹簧的数量，驱动力的大小，弹簧的刚度和自然角度尚未明确。本文研究了利用尽可能少的驱动执行器、弹性接头（扭转弹簧）进行车身弯曲的多连杆铰接机器人具有高机动性的可能性。

K.Ragulskis 等人针对管道机器人的动力学问题，提出了一种包含特定非线性的二自由度模型。特定类型的非线性根据系统速度的符号有不同的黏性摩擦值。对系统的各种参数进行了数值研究。确定了管道机器人的最优激励频率。

针对之前自研的管道检测机器人机动性较差的问题，Keichi Kusunose 等人提出了一种体积变化较小的伸缩式柔性气动执行器的管夹机构，并进行了试验。此外，为了改变机器人的移动方向，提出了一种采用较短延伸型柔性驱动器的紧凑弯曲单元并进行了测试。试验证明，所研制的薄夹紧机构能在不增加管柱纵向长度的情况下夹紧管柱。被测弯曲单元可向每个径向弯曲 90°，且单元长度较前一单元缩短 2/3。

Dongwoo Lee 等人提出了一种新的管道检测机器人的设计方案和简单的运动策略，它可以配置在各种管道中，包括垂直管道、弯头和分支管道。机器人中有两个特定的机构对实现机器人的成功运动至关重要：适应性四臂机构（AQAM）和旋转手机构（SHM）。AQAM 允许机器人在简化的分支管和曲率半径为零的分支管中行走。这两种情况在现实生活中都很常见，但这对之前开发的管道机器人构成了挑战。SHM 使机器人能够改变它的方向，特别是允许它绕过颠簸的管壁。通过建模和仿真试验验证了所提出的设计和策略的有效性和实用性。该机器人能够成功通过弯头和直径为 305 mm 的垂直管，以及曲率半径为零的至少为 305 mm（259 mm）至 305 mm（290 mm）或更小的分支管。

Shigeki Toyama 等人提出了一种利用新开发的球形超声电机（SUSM）作为摄像驱动器的管道检测机器人。与之前的 SUSM 相比，新型 SUSM 的运动范围有所改善，机器人可以将摄像机指向任何方向。在本研究中，从超声电机的运动学和特性出发，确定了一种控制旋转方向和策略控制的方法。旋转方向由外加电压的相位差确定，转速随频率变化。此外，开发了一个非常小的位置传感系统使用的旋转电位器。在使用传感系统进行的控制试验中，SUSM 显示了从几个指定点到默认位置的可返回性，精度为 1。

综上所述，无论是国内还国外，管廊机器人的研究都分为以下几个方面：针对机器人的控制算法优化；根据实际场景设计的特殊用途机器人；针对机器人核心部件结构的创新等，都是以管廊机器人为核心，建立其完善的使用环境，为后续机器人的研究和发展打下了基础。本文将针对管廊机器人相关技术以及缺陷监控算法，用示例的形式进行简要的介绍。

1.4 技术指标

1.4.1 巡检机器人设计要求

不管在什么行业内，巡检机器人都是能够帮助人类完成检测任务和监测功能的重要帮手。结合实际工况和现代工业检测标准，其设计要求如下。

（1）可靠性。巡检机器人作为本系统中检测装置的载体设备，需要根据指令完成任务，这就要求在各种环境下，机器人不仅能够按照预设轨道运行，也要保证运行稳定可靠，以实现对环境以及设备的检测，保证其正常工作。

（2）实时性。机器人要能够和人机界面进行实时数据通信，既要将现场检测到的数据实时传输到人机界面，还要使监控中心能够对机器人进行实时控制；同时，控制器要有快速的数据处理能力，能对下达的指令作出快速响应。

（3）准确性。机器人在运行过程中，能够准确停靠在要求点位，完成相应的检测工作，同时，也要保证传输到监控中心数据的准确性。

（4）体积小，质量轻。体积越小越利于安装集成，也利于轨道式巡检机器人整机的尺寸控制、质量控制、成本控制。

在以上要求的基础上，结合实际工况，要求能达到的功能如下。

（1）运动控制功能。机器人能够按照预先给定的任务或根据监控终端下达的指令，沿规定路线进行相应的移动，完成自动巡视、定点巡检。该移动过程应响应快速，运行时应保持车体稳定。

（2）通信功能。机器人能够实时采集数据并传输至监控平台，并能从监控平台获取指令；在巡检过程中，当检测到的数值超过相应预设值时发出警报，方便工作人员快速进行处理判断。

（3）远程操控功能。机器人通过远程通信模块能够连接至监控平台，当出现特殊情况，如需要停止、检修、改变巡检路线等，工作人员能够通过后台下达命令，远程手动操控机器人。

（4）供电管理功能。该部分主要进行电能获取，供机器人系统各模块使用，应保证输出电压稳定、电源噪声小、瞬态响应及时，且能在必要情况下对各模块进行断电操作。

根据以上功能要求，再结合工作需求，首先确定巡检机器人的设计参数指标，进而确定机器人各部分结构的具体设计方案。经阅读大量期刊文献和调研目前巡检机器人的技术水平，结合实际的工作要求，得到巡检机器人相关的设计参数指标，如表 1-1 所示。

表 1-1　相关的设计参数指标

名称	指标
车体质量	≤7 kg
行驶方式	前进 / 后退 / 转向
行驶速度	0~1.2 m/s
供能方式	电池 / 充电供电
通信方式	无线传输通信
检测数据类型	温湿度、烟雾浓度、视频图像
定位进度	≤10%

1.4.2　管廊巡检机器人设计要求

由于综合管廊建设在城市地下，长年运行过程中管廊内部存在潮湿、光线昏暗、有害气体泄漏等环境特点。管廊自动巡检系统面对这样的作业环境，需具备以下能力才能完成相应巡检任务。

（1）灵活移动能力。在管廊内完成前进、后退、转向等基本运动，以及完成定点检测、便捷通过管廊中防火区隔断门等任务。

（2）全面感知能力。实时检测管廊内部的管道信息、视频信息、环境参数和机器人自身的状态信息。

（3）实时传输能力。实时将检测到的环境信息与自身状态信息传送到远程监控中心。

（4）长时续航能力。具备较长的续航能力。同时，还能实时监测自身电量，并具备自主返回充电桩处进行充电的能力。

（5）自主定位能力。发现异常情况，能及时地报告其地理位置。

鉴于综合管廊特殊的环境，管廊自动巡检系统主要技术指标见表 1-2。

表 1-2 管廊自动巡检系统主要技术指标

名称	指标
使用环境	城市地下综合管廊综合仓 最大坡度为 8.42% 最大下凹段坡度为 51.9% 工作环境温度：-10~45 ℃ 相对湿度：最湿月月平均最大相对湿度不大于 90% 防护等级 IP55
行驶速度	0~1.2 m/s 连续可调
爬坡能力	10°（另含 3 个集水坑最大角度 51.9°，需要辅助装置）
自身质量	50 kg（可根据供方调整）
升降载荷	200 N
升降行程	算自身最高高度可达 600 mm（不含机械臂）
升降速度	0.1 m/s

第2章 机器人本体技术

2.1 机器人的机械结构

2.1.1 总体结构

机器人机械结构的功能是实现机器人的运动机能，使机器人完成规定的各种操作，包括手臂、手腕、手爪和行走机构等部分。机器人的“身躯”一般是粗大的基座，或称机架。机器人的“手”则是多节杠杆机械——机械手，用于搬运物品、装卸材料、组装零件等，或握住不同的工具，以完成不同的工作。如让机械手握住焊枪，可进行焊接；握住喷枪，可进行喷漆。使用机械手处理高温、有毒产品时，它比人手更能适应工作。

2.1.2 机器人末端执行器

用在工业上的机器人的手一般称为末端操作器，它是机器人直接通过抓取和握紧专用工具进行操作的部件。它具有模仿人手动作的功能，安装于机器人手臂的前端。机械手能根据电脑发出的命令执行相应的动作，不仅是一个执行命令的机构，还应该具有识别的功能，也就是“感觉”。

末端操作器是多种多样的，大致可分为以下几类：夹钳式取料手；吸附式取料手；专用末端操作器及换接器；仿生多指灵巧手。

1. 夹钳式取料手

夹钳式取料手与人手相似，是工业机器人广为应用的一种手部形式。它一般由手指（手爪）和驱动机构、传动机构及连接与支承元件组成，如图2-1所示，能通过手指（手爪）的开闭动作实现对物体的夹持。

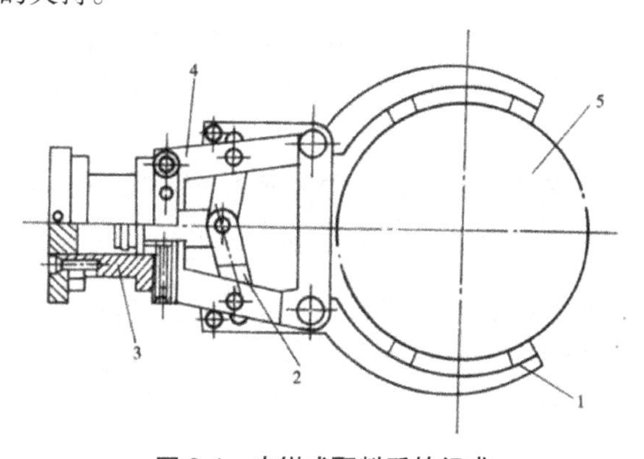

图2-1 夹钳式取料手的组成

1—手指；2—传动机构；3—驱动机构；4—支架；5—工件

1)手指

手指是直接与工件接触的部件。手部松开和夹紧工件,就是通过手指的张开与闭合来实现的。机器人的手部一般有两个手指,也可能会有3个或多个手指,其结构形式常取决于被夹持工件的形状和特性。

指端的形状通常有两类: V形指和平面指。如图2-2所示的3种V形指的形状,用于夹持圆柱形工件。其中,(a)为固定V形;(b)为滚柱V形;(c)为自定位式V形。如图2-3所示的平面指为夹钳式手的指端,一般用于夹持方形工件(具有两个平行平面),板形或细小棒料。另外,尖指和薄、长指一般用于夹持小型或柔性工件。其中,薄指一般用于夹持位于狭窄工作场地的细小工件,以避免和周围障碍物相碰;长指一般用于夹持炽热的工件,以免热辐射对手部传动机构的影响。

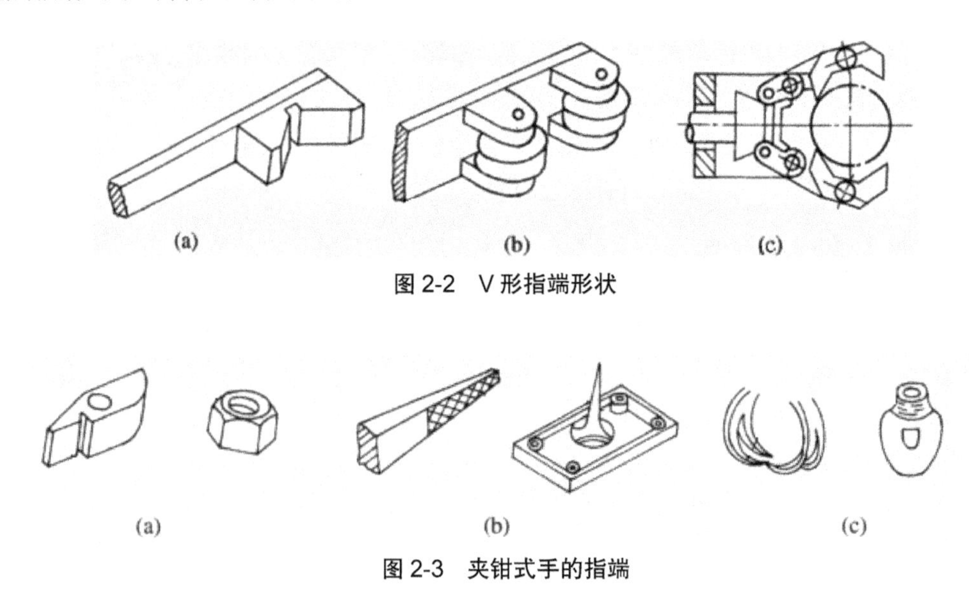

图2-2 V形指端形状

(a) (b) (c)

图2-3 夹钳式手的指端

指面的形状常有光滑指面、齿形指面和柔性指面等。光滑指面平整光滑,用来夹持已加工表面,避免已加工表面受损。齿形指面的指面刻有齿纹,可增加夹持工件的摩擦力,以确保夹紧牢靠,多用来夹持表面粗糙的毛坯或半成品。柔性指面内镶橡胶、泡沫、石棉等物,有增加摩擦力、保护工件表面、隔热等作用,一般用于夹持已加工表面、炽热件,也适于夹持薄壁件和脆性工件。

2)传动机构

传动机构是向手指传递运动和动力,以实现夹紧和松开动作的机构。该机构根据手指开合的动作特点,分为回转型传动机构和平移型传动机构2种。回转型传动机构又分为单支点回转传动机构和多支点回转传动机构。根据手爪夹紧是摆动还是平动,又可分为摆动回转型传动机构和平动回转型传动机构。

(1)回转型传动机构。夹钳式手部中较多见的是回转型手部,其手指就是一对杠杆,一般再同斜楔、滑槽、连杆、齿轮、蜗轮蜗杆或螺杆等机构组成复合式杠杆传动机构,用以改变传动比和运动方向等。图2-4(a)所示为单作用斜楔式回转型手部结构简图。斜楔向下运动，克服弹簧拉力，使杠杆手指装着滚子的一端向外撑开，从而夹紧工件；斜楔向上移动，则在弹簧拉力作用下使手指松开。手指与斜楔通过滚子接触可以减少摩擦力，提高机械效率。有时为了简化，也可让手指与斜楔直接接触，如图 2-4(b)所示的结构。

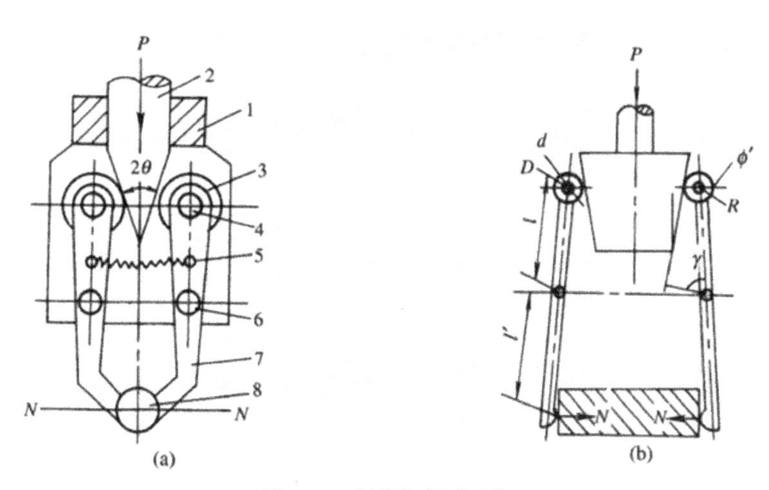

图 2-4　斜楔杠杆式手部

1—壳体；2—斜楔驱动杆；3—滚子；4—圆柱销；5—弹簧；6—铰销；7—手指；8—工件

图 2-5 为滑槽式杠杆回转型手部简图，杠杆形手指 4 的一端装有 V 形指 5，另一端则开有长滑槽。驱动杆 1 上的圆柱销 2 套在滑槽内，当驱动连杆同圆柱销一起做往复运动时，即可拨动两个手指各绕其支点(铰销 3)做相对回转运动，从而实现手指的夹紧与松开动作。

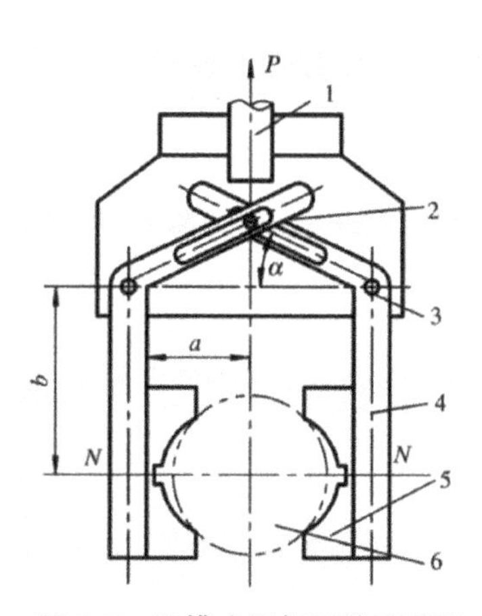

图 2-5　滑槽式杠杆回转型手部

1—驱动杆；2—圆柱销；3—铰销；4—手指；5—V 形指；6—工件

图 2-6 为双支点连杆杠杆式手部简图。驱动杆 2 末端与连杆 4 由铰销 3 铰接，当驱动杆 2 做直线往复运动时，则通过连杆推动两杆手指各绕其支点做回转运动，从而使手指松开或闭合。

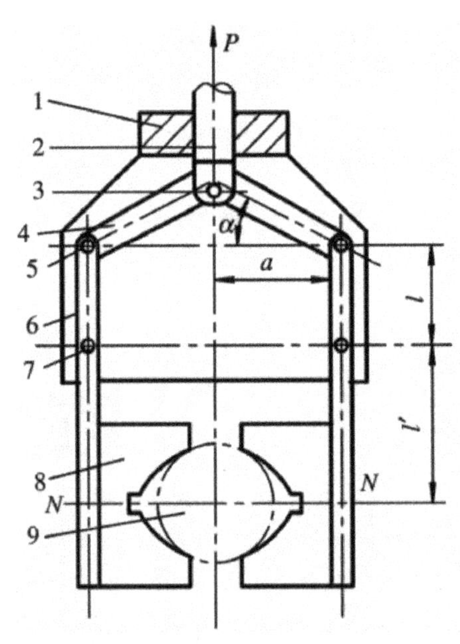

图 2-6 双支点连杆杠杆式手部

1—壳体;2—驱动杆;3—铰销;4—连杆;5、7—圆柱销;6—手指;8—V 形指;9—工件

图 2-7 所示为齿轮齿条直接传动的齿轮杠杆式手部的结构。驱动杆 2 末端制成双面齿条,与扇齿轮 4 相啮合,而扇齿轮 4 与手指 5 固连在一起,可绕支点回转。驱动力推动齿条做直线往复运动,即可带动扇齿轮回转,从而使手指松开或闭合。

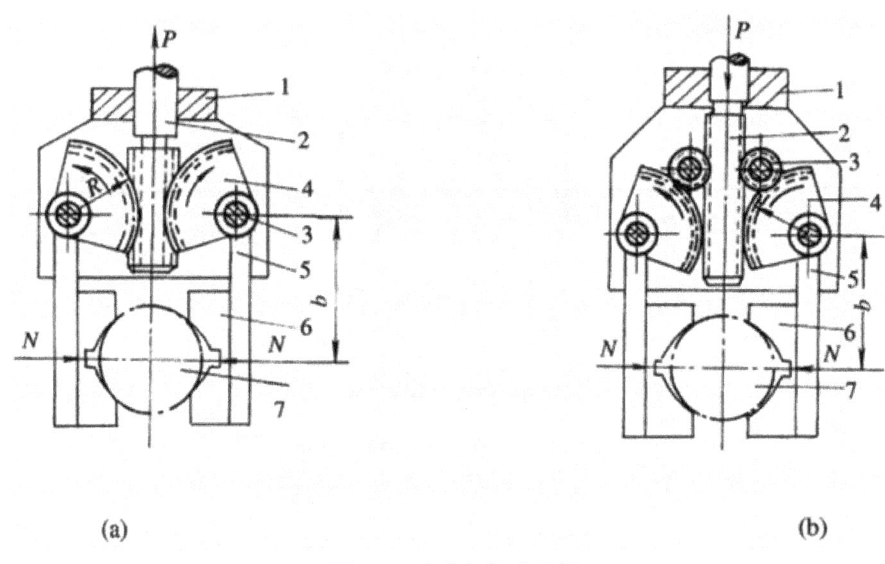

图 2-7 齿轮杠杆式手部

1—壳体;2—驱动杆;3—中间齿轮;4—扇齿轮;5—手指;6—V 形指;7—工件

(2)平移型传动机构。平移型传动机构夹钳式手部是通过手指的指面做直线往复运动或平面移动来实现张开或闭合动作的,常用于夹持具有平行平面的工件(如冰箱等)。其结构较复杂,不如回转型传动机构手部应用广泛。

①直线往复移动机构。实现直线往复移动的机构很多,常用的斜楔传动、齿条传动、螺旋传动等均可应用于手部结构。如图2-8所示,(a)为斜楔平移机构,(b)为连杆杠杆平移结构,(c)为螺旋斜楔平移结构。它们既可是双指型的,也可是三指(或多指)型的;既可自动定心,也可非自动定心。

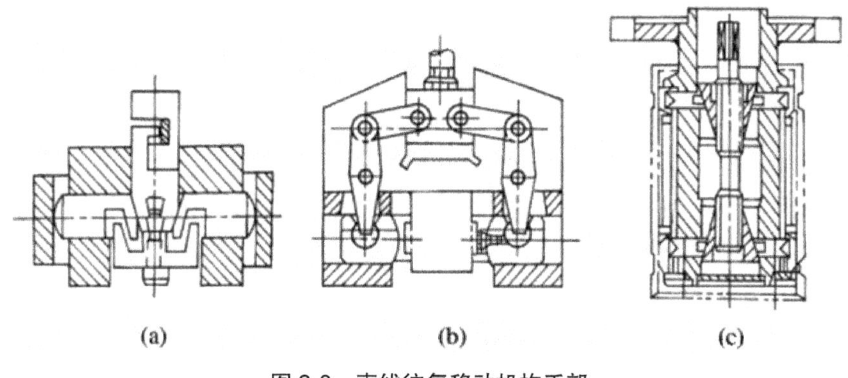

图2-8　直线往复移动机构手部

②平面平行移动机构。图2-9为几种平面平行平移型夹钳式手部的简图。它们的共同点是:都采用平行四边形的铰链机构——双曲柄铰链四连杆机构,以实现手指平移。其差别在于分别采用齿条齿轮、蜗杆蜗轮、连杆斜滑槽。

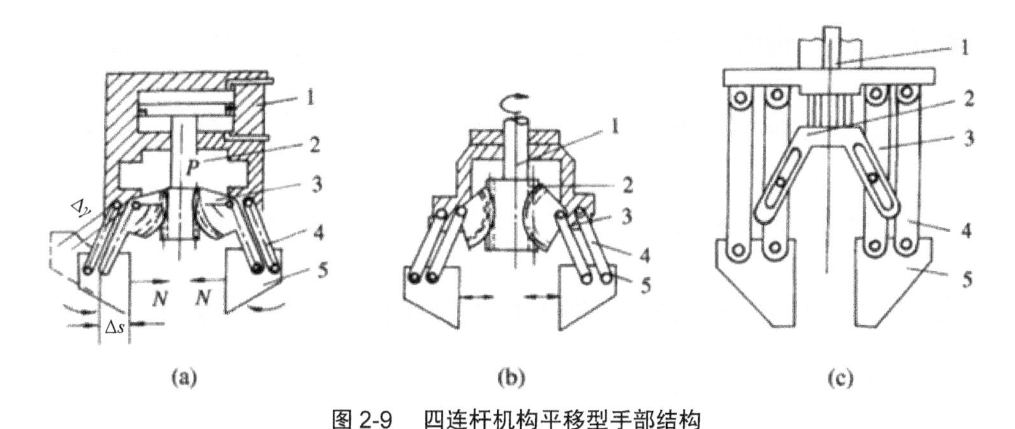

图2-9　四连杆机构平移型手部结构

1—驱动器;2—驱动元件;3—驱动摇杆;4—从动摇杆;5—手指

2. 吸附式取料手

1)气吸附式取料手

气吸附式取料手是利用吸盘内的压力和大气压之间的压力差而工作的。气吸附式取料手与夹钳式取料手相比,具有结构简单,质量轻,吸附力分布均匀等优点,对于薄片状物体的搬运更有其优越性(如板材、纸张、玻璃等物体),广泛应用于非金属材料或不可有剩磁的材料的吸附。但要求物体表面较平整光滑,无孔无凹槽。

图2-10所示为真空吸附取料手的结构原理。其真空的产生是利用真空泵,真空度较高。主要零件为碟形橡胶吸盘1,通过固定环2安装在支承杆4上,支承杆由螺母5固定在

基板 6 上。取料时，碟形橡胶吸盘与物体表面接触，橡胶吸盘在边缘既起到密封作用，又起到缓冲作用，然后真空抽气，吸盘内腔形成真空，吸取物料。放料时，管路接通大气，失去真空，物体放下。为避免在取、放料时产生撞击，有的还在支承杆上配有弹簧缓冲。为了更好地适应物体吸附面的倾斜状况，有的在橡胶吸盘背面设计有球铰链。

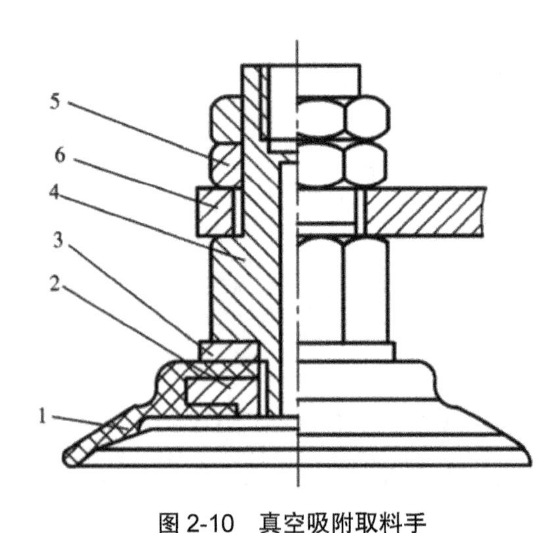

图 2-10　真空吸附取料手

1—碟形橡胶吸盘；2—固定环；3—垫片；4—支承杆；5—螺母；6—基板

2）磁吸附式取料手

磁吸附式取料手是利用电磁铁通电后产生的电磁吸力取料，因此只能对铁磁物体起作用；但是，对某些不允许有剩磁的零件要禁止使用。所以，磁吸附式取料手的使用有一定的局限性。

电磁铁工作原理如图 2-11（a）所示。当线圈 1 通电后，在铁心 2 内外产生磁场，磁力线穿过铁心，空气隙和衔铁 3 被磁化并形成回路，衔铁受到电磁吸力 F 的作用被牢牢吸住。实际使用时，往往采用如图 2-11（b）所示的盘式电磁铁。衔铁是固定的，衔铁内用隔磁材料将磁力线切断，当衔铁接触磁铁物体零件时，零件被磁化形成磁力线回路，并受到电磁吸力而被吸住。

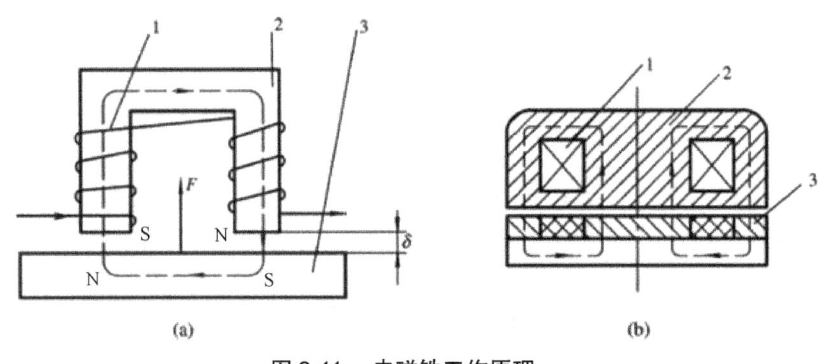

图 2-11　电磁铁工作原理

1—线圈；2—铁芯；3—衔铁

图2-12所示为盘状磁吸附取料手的结构。铁芯1和磁盘3之间用黄铜焊料焊接并构成隔磁环2，既焊为一体又将铁芯和磁盘分隔，这样使铁芯1成为内磁极，磁盘3成为外磁极。其磁路由壳体6的外圈，经磁盘3、工件和铁心，再到壳体内圈形成闭合回路，以此吸附工件。铁芯、磁盘和壳体均采用8#~10#低碳钢制成，可减少剩磁，并在断电时不吸或少吸铁屑。盖5为用黄铜或铝板制成的隔磁材料，用以压住线圈11，防止工作过程中线圈的活动。挡圈7、8用以调整铁芯和壳体的轴向间隙，即磁路气隙δ，在保证铁芯正常转动的情况下，气隙越小越好，气隙越大，则电磁吸力会显著地减小。因此，一般取$\delta = 0.1\text{~}0.3$ mm。在机器人手臂的孔内可做轴向微量移动，但不能转动。铁芯1和磁盘3一起装在轴承上，用以实现在不停车的情况下自动上下料。

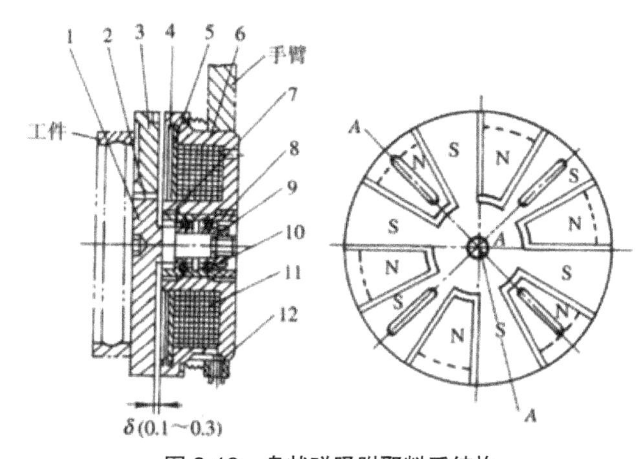

图2-12　盘状磁吸附取料手结构

1—铁芯；2—隔磁环；3—磁盘；4—卡环；5—盖；6—壳体；7、8—挡圈；9—螺母；10—轴承；11—线圈；12—螺钉

3. 专用末端操作器及换接器

1）专用末端操作器

机器人是一种通用性很强的自动化设备，可根据作业要求完成各种动作，再配上各种专用的末端操作器后，就能完成更多动作。如在通用机器人上安装焊枪就成为一台焊接机器人，安装拧螺母工具则成为一台装配机器人。目前有许多由专用电动、气动工具改型而成的操作器，有拧螺母机、焊枪、电磨头、电铣头、抛光头、激光切割机等，形成一整套系列产品供用户选用，使机器人能胜任各种工作。

2）换接器

使用一台通用机器人，要在作业时能自动更换不同的末端操作器，就需要配置具有快速装卸功能的换接器。换接器由两部分组成：换接器插座和换接器插头，分别装在机器腕部和末端操作器上，能够实现机器人对末端操作器的快速自动更换。专用末端操作器换接器的要求主要有：同时具备气源、电源及信号的快速连接与切换功能；能承受末端操作器的工作载荷；在失电、失气情况下，机器人停止工作时不会自行脱离；具有一定的换接精度等。

4. 仿生多指灵巧手

机器人手爪和手腕最完美的形式是模仿人手的多指灵巧手。如图2-13所示，多指灵巧手有多个手指，每个手指有3个回转关节，每一个关节的自由度都是独立控制的。因此，人的手指能完成的各种复杂动作它基本都能模仿，如拧螺钉、弹钢琴、做礼仪手势等动作。在手部配置触觉、力觉、视觉、温度传感器，将会使多指灵巧手达到更完美的程度。多指灵巧手的应用前景十分广泛，可在各种极限环境下完成人无法实现的操作，如核工业领域、宇宙空间作业，在高温、高压、高真空环境下作业等。

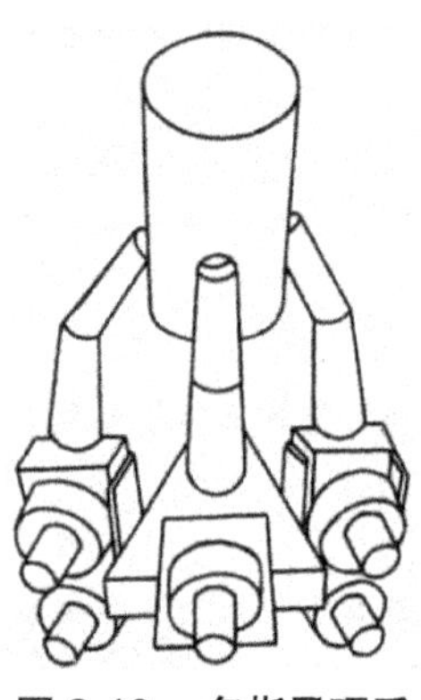

图2-13 多指灵巧手

2.1.3 机械臂的设计

1. 概述

机器人是20世纪最伟大的发明之一，自20世纪50年代世界上首台机器人问世以来，机器人技术就展现出了强大的力量。20世纪70年代以后，随着控制技术、传感技术、计算机技术和人工智能技术的迅速发展，机器人技术也进入了高速发展阶段，已成为集计算机、控制论、机构学、信息与传感技术、人工智能等学科于一体的高新技术。20世纪80年代，我国智能机器人的发展也步入了启动期。现在，各式各样的机器人已经在生产领域发挥着重要的作用。无论是应用于制造环境的工业机器人，还是应用于非制造环境的服务机器人，其研发和产业化应用已成为衡量一个国家科技创新和高端制造业发展水平的重要标志。

机器人技术是现代科学技术交叉与融合的体现。先进机器人的发展代表着国家的综合科技实力和水平。因此，许多国家已将机器人技术列入21世纪国家高新技术发展规划。2016年，我国发布的《机器人产业发展规划（2016—2020年）》也将机器人作为重点发展领域，旨在积极推动我国机器人产业快速健康可持续发展。

随着人工智能与互联网、大数据以及云平台等的深度融合，在超强计算能力的支持下，机器人也逐渐获得了更多的感知和决策认知能力，变得更加灵活通用，并开始具有较强的环境适应性和自主能力，以适应更加复杂多变的应用场景。随着机器人应用领域的不断扩大，机器人已经从传统制造业进入人类工作和生活领域。2020年9月24日，国际机器人联合会最新的《2020年世界机器人技术》工业机器人报告显示，在世界各地的工厂中，正在运行的工业机器人超过270万台，创造了新的纪录。

机械臂是应用于现代工业生产过程中的一种具有抓取和移动工件功能的自动化装置设

备。它是在机械化、自动化过程中发展起来的一种设备，在机械行业中可用于零部件组装，加工工件的装卸、搬运等。近年来，电子技术以及计算机技术的迅速发展，也促进了机械臂的发展与广泛应用，使机械臂更好地与机械化、自动化方向相结合。机械臂可以代替人们完成危险、重复、枯燥的工作，减轻人们的劳动强度，提高生产效率。

自20世纪60年代以来，机械臂被广泛应用在机械加工、装配、检测、航天和太空探测等领域，尤其是近年来，随着计算机技术、自动化技术、传感器技术的发展以及各学科的不断交叉，机械臂朝着精确定位、机器视觉、人工智能等趋势发展。国外对机械臂的研究较早，诞生了一些世界一流的公司，比如KUKA、ABB、FAUNC等，其研发的产品大多处于世界领先水平。

ABB机器人公司的IRB120，采用IRC5紧凑型控制器以及TrueMove和Quick-Move运动控制软件，其最高重复定位精度可达0.01 mm，TrueMove采用先进的动态建模技术，保证机械臂在任何运行速度下始终跟随编程路径运动，使路径偏移小于1 mm，从而保证了运动路径跟踪精度。KUKA生产的SCARA R350机器人，采用模块化的硬件结构和以计算机为基础的开放式软件架构的控制系统，以及集成的Soft-PLC控制器，使其具备很高的定位精确性，重复定位精度优于 ±0.015 mm。

鉴于传统单臂机械臂在精密装配及微细操作方面的技术瓶颈，为了使机械臂完成更加精密的作业或复杂的协调操作任务，众多制造商将研究热点转移至仿人双臂协调控制。研究人员主要对双臂协调控制技术及针对柔性物体的柔性动作协调控制等方面展开了深入的理论和试验研究，并研制出多种样机。ABB公司于2011年推出了双臂仿人机器人FRIDA的概念样机。它的设计目标是代替人类完成精密微小零件的组装工作。该项目对机器人的精密性、柔顺性、灵活性、安全性、轻量化及可部署性等方面展开了系统的研究。为了提高狭小工作空间的适应性和稳定性，FRIDA机器人的双臂各配备了7个关节，机械臂末端安装了安全柔性手爪，能够实现柔性反馈补偿，保证了操作的安全性。机器人内置的IRC5控制器，实现了离线状态下的实时防碰撞路径规划，保证了机械臂的高精度运动性能，为机器人灵活、稳定、安全地工作提供条件。

中国工业机器人技术研发起步于20世纪70年代初期，虽然发展较晚，起步较慢，但得到了国家的大力支持，高校、科研院所及企业都对机械臂的研发投入了大量的精力。经过几十年的技术积累，中国工业机器人有了巨大的发展和进步。例如宁波韦尔德斯凯勒公司主要从事高性能控制器、智能机器人等方向的工作，研制的冗余机械臂通过控制可轻松避障；沈阳自动化研究所开发的工业机器人，移动底盘采用卡特彼勒与摆臂结构，可适应复杂场景运动；华南理工大学研制的焊接机械臂能够实现自动焊，运行稳定，能够满足工业需求。济南凌康数控、广州数控、武汉华中数控等企业也相继对工业机器人进行了研发并取得了一定成果。

2. 机械臂的设计要求

1）手臂应承载能力强、刚性好、自身质量小

手臂的刚性直接影响到手臂抓取工件时动作的平稳性、运动的速度和定位精度。如刚

性差则会引起手臂在垂直平面内的弯曲变形和水平面内侧向扭转变形，手臂就要产生振动，或动作时工件卡死无法工作。为此，手臂一般都采用刚性较好的导向杆来加大手臂的刚度，各支承、连接件的刚性也要有一定的要求，以保证能承受所需要的驱动力。

2）手臂的运动速度要适当，惯性要小

机械臂的运动速度一般是根据产品的生产节拍要求来决定的，不宜盲目追求高速度。

手臂由静止状态达到正常的运动速度为启动，由常速减到停止不动为制动，速度的变化过程为速度特性曲线。

手臂自身质量小，其启动和停止的平稳性就好。

3）手臂动作要灵活

手臂的结构要紧凑小巧，才能使手臂运动轻快、灵活。在运动臂上加装滚动轴承或采用滚珠导轨也能使手臂运动轻快、平稳。此外，对于悬臂式的机械手臂，还要考虑零件在手臂上的布置，就是要计算手臂移动零件时的重量对回转、升降、支撑中心的偏重力矩。偏重力矩对手臂运动很不利，偏重力矩过大，会引起手臂的振动，在升降时会产生一种沉头现象，还会影响运动的灵活性，严重时手臂与立柱会卡死。所以在设计手臂时要尽量使手臂重心通过回转中心，或尽量接近回转中心，以减少偏力矩。对于双臂同时操作的机械臂，则应使两臂的布置尽量对称于回转中心，以达到平衡。

4）位置精度高

机械臂要获得较高的位置精度，除采用先进的控制方法外，在结构上还须注意以下几个问题。

（1）机械臂的刚度、偏重力矩、惯性力及缓冲效果都直接影响手臂的位置精度。

（2）加设定位装置和行程检测机构。

（3）合理选择机械手的坐标形式。直角坐标式机械手的位置精度较高，其结构和运动都比较简单，误差也小。而回转运动产生的误差是放大时的尺寸误差，当转角位置一定时，手臂伸出越长，其误差越大；关节式机械手因其结构复杂，手端的定位由各部关节相互之间转角来确定，其误差是积累误差，因而精度较差，其位置精度也更难保证。

此外，还应做到：通用性强，能适应多种作业；工艺性好，便于维修调整。

以上这几项要求，有时往往相互矛盾。刚性好、载重大，结构往往粗大、导向杆也多，从而增加手臂自身质量；转动惯量增加，冲击力就大，位置精度就低。因此，在设计手臂时，须根据机械手抓取质量、自由度数、工作范围、运动速度及机械臂的整体布局和工作条件等各种因素综合考虑，以实现动作准确、可靠、灵活、结构紧凑、刚度大、自身质量小，从而保证一定的位置精度和适应快速动作。此外，对于热加工的机械臂，还要考虑热辐射，手臂要长，以远离热源，并须装有冷却装置。对于粉尘作业的机械臂还要加装防尘设施。

3. 机械臂的硬件结构

机械臂由于使用环境、生产需求的不同，内部结构、整体大小、驱动方式均存在较大差异，其手臂部件大致包括回转部、大臂、小臂及腕部几个部分。回转部可完成整机的回转运动，大臂和小臂的配合运动可实现机械臂末端的空间位置移动，腕部能实现俯仰轴与摆轴两个动作。各部件的运动配合实现机械臂设定的运动轨迹。

1)大臂、小臂结构

大臂由平衡缸、电动缸及大臂梁组成,小臂由电动缸、平衡缸及小臂梁组成,均为平行四边形框架结构形式,电动缸安装在各自的对角线上。电动缸由关节电机、离合器、丝杠、推杆及缸体等零部件组成,端部的关节电机通过离合器带动丝杠旋转,丝杠上的螺母驱动推杆伸缩,推杆的伸缩带动平行四边形框架夹角的变化,从而实现机械臂水平和竖直方向的移动。

2)机械臂回转部结构

回转部由伺服电机、涡轮、蜗杆、回转支承、回转轴、立柱、箱体等零部件组成。为了平衡涡轮的侧向推力及消除涡轮与蜗杆之间的间隙,蜗杆采用对称布置的形式。2 台伺服电机带动蜗杆旋转,驱动与涡轮连接的机体做回转运动。这个结构的要点是可传递扭矩大,自锁性好,精度高,节省一个减速器。

3)机械臂腕部

机械臂的腕部由涡轮蜗杆传动副、支承件、4 台伺服电机、俯仰部件、输出法兰等部分组成,能实现俯仰轴与摆轴两个动作。两个动作依靠差动原理来实现。U 形支承两侧对称布置差动输入单元,差动输入单元由伺服电机、涡轮蜗杆传动副及锥齿轮等部件组成。通过传动轴及中空轴将 U 形支承两侧的锥齿轮及涡轮蜗杆连接。差动输出单元由锥齿轮及摆轴组成。利用伺服电机控制两侧涡轮的传动,实现俯仰轴与摆轴两个动作。

4. 机械臂的控制方法

机械臂控制系统有多个输入与多个输出。它是一个典型的非线性系统,拥有时变性和强耦合性。一个合适的控制系统能使得机械臂的轨迹控制精度达到最高。机械臂控制系统主要包括 PID(比例积分微分)控制、鲁棒控制、神经网络控制、模糊控制、滑模控制等。

PID 是使用最久、应用最广泛的控制系统之一。1922 年,米诺尔斯基(Minorsky)首次提出 PID 算法,并最早将其应用在船舶主动导航系统中。在 PID 控制出现后的几十年内,很多学者对其发展与应用进行了深入研究,并成功将 PID 控制应用于各类控制系统中。

然而,随着 PID 在各行业深入应用,许多缺点也暴露出来。对于精密复杂系统尤其是非线性系统, PID 控制精度、实时性与鲁棒性较差。随着工业机器人加工要求的提高,单独的 PID 控制越来越无法满足现代生产的要求。近几十年来,许多学者提出了新的控制算法或研究其他智能算法与 PID 控制互补,以优化控制效果。

鲁棒控制的研究自 1950 年以后开始,系统设计的重点在于可靠性,因此机械臂的鲁棒控制适合于工作环境较差或要求具有较高的可靠性时。郑柏超使用鲁棒控制实现轨迹跟踪控制,无须采用具体模型且抗干扰性好。Truong 使用一种带死区的鲁棒补偿器实现了工业机械臂自适应轨迹跟踪控制。

神经网络控制是一种智能控制方法。神经网络控制所具备的自组织和自学习能力使得它能够解决强非线性映射问题,因此它能对无法准确建模或精密复杂的对象,或非线性系统进行智能辨识,然后运用推理和优化算法进行自适应控制。神经网络控制已被普遍应用在自动控制领域的各个方面,例如系统辨识、非线性系统控制与故障诊断。缺点是控制器复杂,实时控制性能不如其他智能控制算法。

1965年,扎德(Zadeh)首次提出模糊数学,它对后面不确定性系统的研究有着极大贡献。20世纪70年代以后,一些实用的模糊控制器相继出现。模糊控制区别于一般的控制理论,不用取得被控对象的模型,只需建立好相应的模糊规则库与推理方法即可。模糊规则的推理过程同人的思考方式相似,因此,模糊控制的设计需要大量专家经验以保证模糊规则推理的结果符合实际加工情况。此外,模糊理论的应用通常是与其他算法相结合,不同的控制算法彼此影响、共同调控,使控制性能达到最优。模糊理论常融入PID中,通过模糊推理进行在线调节。苏红丽将模糊PID控制应用于机械手的采摘工作中,实现了果树果实的自动化精确采摘。Ling将模糊PID控制应用到饱和柔性关节机器人控制系统中,实现自适应模糊控制。模糊控制适合于非线性系统尤其是无法求解精确数学模型的系统,它的控制精度高、抗干扰性强。

滑模控制是一类变结构控制,于1950年提出。它适合于不确定性系统,对干扰有很强的鲁棒性。滑模控制的特点是分段控制,这种控制作用的不连续使得其对被控对象的模型误差、参数的变化及外部干扰均有极佳的不敏感性,因此适用于在非线性系统的控制中。近些年国内外有大量的研究将滑模控制应用在机械臂的控制系统中。

上述的几种控制方法除了单独应用在控制系统中,各自还能相互组合,结合各自的优点形成组合算法。例如结合模糊控制与滑模控制的复合控制,结合模糊控制与神经网络控制的模糊神经网络控制,结合滑模控制与神经网络控制的自适应滑模神经网络控制。这些控制系统各有优劣,在选取控制系统时,对不同的控制对象、工作环境需采取合适的控制方法。

2.1.4 机器人机座

工业机器人的机座是整个机器人的支持部分,用于机器人的安装和固定,也是工业机器人的电线电缆、气管油管的输入连接部位,要有一定的刚度和稳定性。机座有固定式和移动式两类。固定式机器人的机座一般固定在地面上,移动式机器人的机座安装在移动机构上。

固定式机座一般用铆钉固定在地面或者工作台上,立柱式、机座式和屈伸式机器人大多是固定式的。

移动式机座一般由驱动装置、传动结构、位置检测元件、传感器电缆及管路等组成,它一方面要支撑机器人的机身臂和手部,另一方面要扩大机器人的活动范围。

2.1.5 机器人的传动

工业机器人的驱动源通过传动部件来驱动关节的移动或转动,从而实现机身、手臂和手腕的运动。因此,传动部件是构成工业机器人的重要部件。根据传动类型的不同,传动部件可以分为两大类:直线传动机构和旋转传动机构。

1. 直线传动机构

工业机器人常用的直线传动机构可以直接由汽缸或液压缸和活塞产生,也可以采用齿轮齿条、滚珠丝杠螺母等传动元件通过旋转运动转换得到。

1)移动关节导轨

在运动过程中,移动关节导轨可以起到保证位置精度和导向的作用。移动关节导轨有 5 种:普通滑动导轨、液压动压滑动导轨、液压静压滑动导轨、气浮导轨和滚动导轨。前两种导轨具有结构简单、成本低的优点,但是它必须留有间隙以便润滑。而机器人载荷的大小和方向变化很快,间隙的存在又将会引起坐标位置的变化和有效载荷的变化;另外,这种导轨的摩擦系数又随着速度的变化而变化,在低速时容易产生爬行现象等缺点。第三种液压静压导轨结构能产生预载荷,能完全消除间隙,具有高刚度、低摩擦、高阻尼等优点,但是它需要单独的液压系统和回收润滑油的机构。第四种气浮导轨的缺点是刚度和阻尼较低。目前第五种滚动导轨在工业机器人中应用最为广泛,图 2-14 所示为包容式滚动导轨的结构,用支承座支承,可以方便地与任何平面相连。此时套筒必须是开放式的,嵌入在滑枕中,既增强刚度也方便了与其他元件的连接。

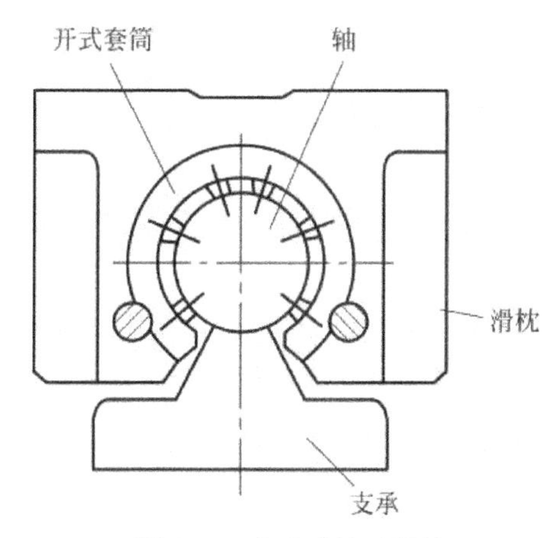

图 2-14　包容式滚动导轨

2)齿轮齿条装置

如图 2-15 所示,齿轮齿条装置中,如果齿条固定不动,当齿轮转动时,齿轮轴连同拖板沿齿条方向做直线运动。这样,齿轮的旋转运动就转换成拖板的直线运动。拖板是由导杆或导轨支承的,该装置的回差较大。

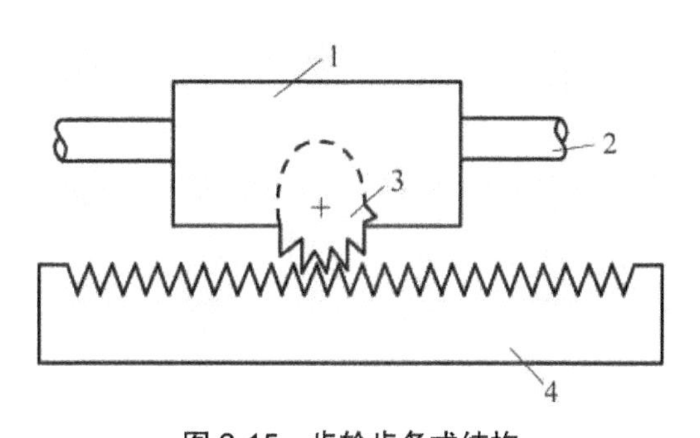

图 2-15　齿轮齿条式结构

1—拖板;2—导向杆;3—齿轮;4—齿条

3)滚珠丝杠与螺母

在工业机器人中经常采用滚珠丝杠,这是因为滚珠丝杠的摩擦力很小且运动响应速度快。

由于滚珠丝杠螺母的螺旋槽里放置了许多滚珠,丝杠在传动过程中所受的是滚动摩擦力,摩擦力较小,因此传动效率高,同时可消除低速运动时的爬行现象。在装配时施加一定的预紧力,可消除回差。

如图 2-16 所示,滚珠丝杠螺母里的滚珠经过研磨的导槽循环往复,传递运动与动力。滚珠丝杠的传动效率可以达到 90%。

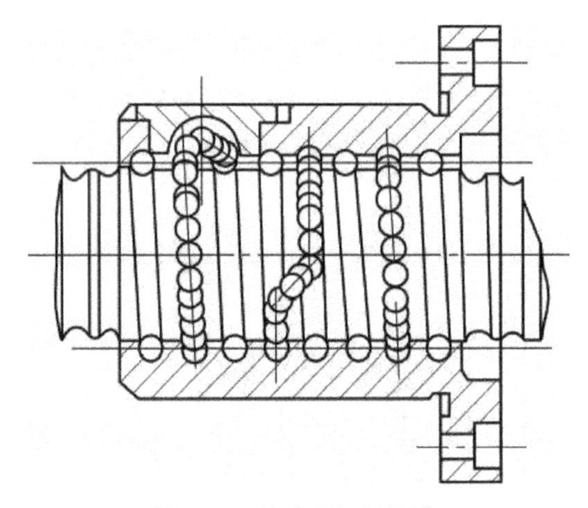

图 2-16 滚珠丝杠螺母副

4)液(气)压缸

液(气)压缸是将液压泵(空压机)输出的压力能转换为机械能,做直线往复运动的执行元件,使用液(气)压缸可以容易地实现直线运动。液(气)压缸主要由缸筒、缸盖、活塞、活塞杆和密封装置等部件构成,活塞和缸筒采用精密滑动配合,压力油(压缩空气)从液(气)压缸的一端进入,把活塞推向液(气)压缸的另一端,从而实现直线运动。通过调节进入液(气)压缸液压油(压缩空气)的流动方向和流量,可以控制液(气)压缸的运动方向和速度。

2. 旋转传动机构

一般电动机都能够直接产生旋转运动,但其输出力矩比所要求的力矩小,转速比要求的转速高,因此需要采用齿轮、皮带传送装置或其他运动传动机构,把较高的转速转换成较低的转速,以获得较大的力矩。运动的传递和转换必须高效率地完成,并且不能有损于机器人系统所需要的特性,包括定位精度、重复定位精度和可靠性等。通过下列传动机构可以实现运动的传递和转换。

1)齿轮副

齿轮副不但可以传递运动角位移和角速度,而且可以传递力和力矩。如图 2-17 所示,一个齿轮装在输入轴上,另一个齿轮装在输出轴上,可以得到齿轮的齿数与其转速成反比

（式 2-1），输出力矩与输入力矩之比等于输出齿数与输入齿数之比（式 2-2）。

$$\frac{z_i}{z_o}=\frac{n_o}{n_i} \tag{2-1}$$

$$\frac{T_o}{T_i}=\frac{z_o}{z_i} \tag{2-2}$$

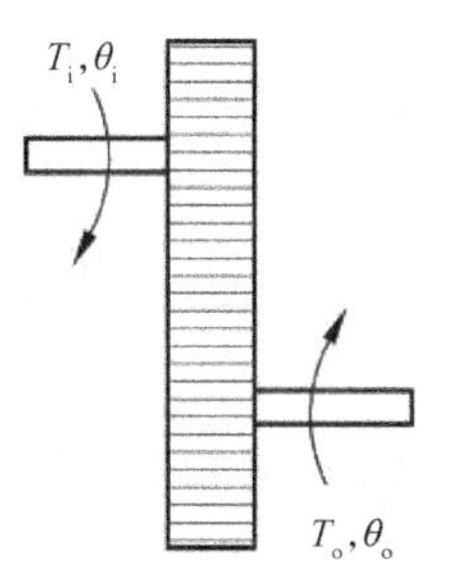

图 2-17　齿轮传动副

2）同步带传动装置

在工业机器人中，同步带传动装置主要用来传递平行轴间的运动。同步传送带和带轮的接触面都制成相应的齿形，靠啮合传递功率，其传动原理如图 2-18 所示。齿的节距用包络带轮时的圆节距 t 表示。

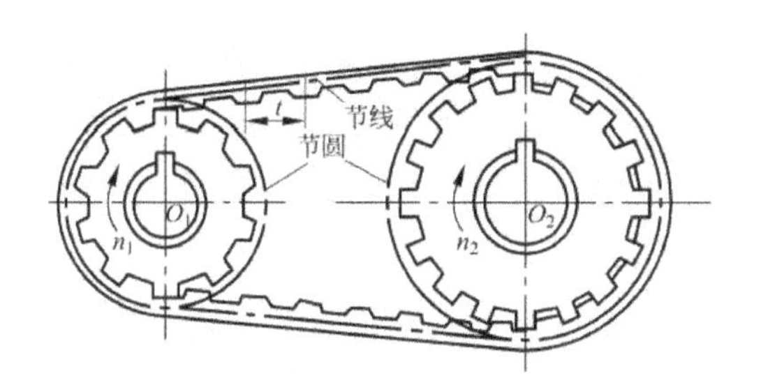

图 2-18　同步带传动原理

同步带传动的优点：传动时无滑动，传动比准确，传动平稳；速比范围大；初始拉力小；轴与轴承不易过载。但是，这种传动机构的制造及安装要求严格，对带的材料要求也较高，因而成本较高。同步带传动适合于电动机和高减速比减速器之间的传动。

3）谐波齿轮

目前工业机器人的旋转关节有 60%~70% 都使用谐波齿轮传动。

谐波齿轮传动由刚性齿轮、谐波发生器和柔性齿轮 3 个主要零件组成，如图 2-19 所示。工作时，刚性齿轮 6 固定安装，各齿均布于圆周上，具有柔性外齿圈 2 的柔性齿轮 5 沿刚性齿轮的刚性内齿圈 3 转动。柔性齿轮比刚性齿轮少两个齿，所以柔性齿轮沿刚性齿轮每转一圈就反向转过两个齿的相应转角。谐波发生器 4 具有椭圆形轮廓，装在其上的滚珠用于支承柔性齿轮，谐波发生器驱动柔性齿轮旋转并使之发生塑性变形。转动时，柔性齿轮的椭圆形端部只有少数齿与刚性齿轮啮合，只有这样，柔性齿轮才能相对于刚性齿轮自由地转过一定的角度。通常刚性齿轮固定,谐波发生器作为输入端,柔性齿轮与输出轴相连。

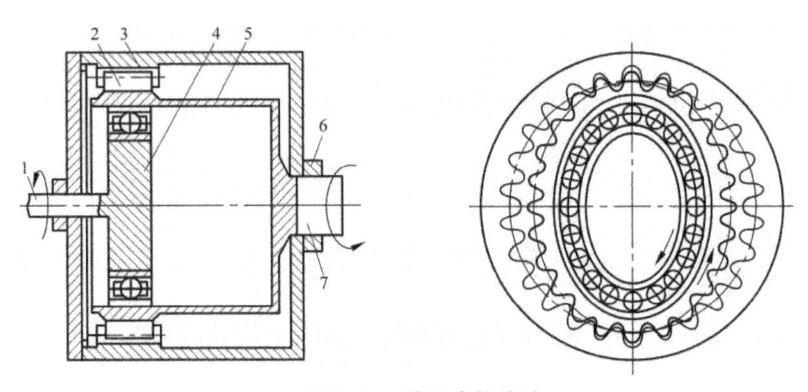

图 2-19 谐波齿轮传动

1—输入轴;2—柔性外齿圈;3—刚性内齿圈;4—谐波发生器;5—柔性齿轮;6—刚性齿轮;7—输出轴

4)摆线针轮传动减速器

摆线针轮传动是在针摆传动基础上发展起来的一种新型传动方式。20 世纪 80 年代,日本研制出了用于机器人关节的摆线针轮传动减速器。图 2-20 为摆线针轮传动简图,它由渐开线圆柱齿轮行星减速机构和摆线针轮行星减速机构两部分组成。渐开线行星轮 6 与曲柄轴 5 连成一体,作为摆线针轮传动部分的输入。如果渐开线中心轮 7 顺时针旋转,那么,渐开线行星齿轮在公转的同时还逆时针自转,并通过曲柄轴带动摆线轮做平面运动。此时,摆线轮因受到与之啮合的针轮的约束,在其轴线绕针轮轴线公转的同时,还将反方向自转,即顺时针转动。同时,它通过曲柄轴推动行星架输出机构顺时针转动。

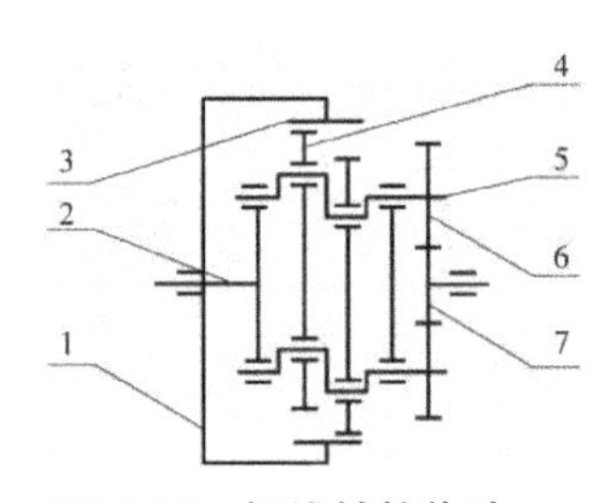

图 2-20 摆线针轮传动

1—针齿壳;2—输出轴;3—针齿;4—摆线轮;5—曲柄轴;6—行星轮;7—中心轮

2.2 巡检机器人功能及价值

2.2.1 巡检机器人

我国目前正从劳动密集型产业结构向现代化制造业方向发展,振兴制造业、实现工业化是我国经济发展的重要任务。从工业发展历程看,生产手段必然要经历机械化、自动化、智能化、信息化的变革。随着国民经济的快速发展以及生产技术的不断进步和劳动力成本的不断上升,使用机械、自动化技术代替人力成为巡检管理的必然趋势。

传统的人工巡检方式存在很多不足。如劳动强度大、工作效率低、检测指标分散、手段单一。在雷雨等恶劣天气条件下,人工巡检存在较大安全风险,且无法及时进行巡检。传统的视频监控系统,由于受到种种条件限制,存在很大的监控盲区,很难真正满足视频监控全方位覆盖的要求。在机器人技术快速发展的今天,机器人的巡检作业与人工巡检作业相比具备很多优点。管廊中环境恶劣,机器人在管廊内适应性明显增强,能够长时间进行工作,不会疲劳。目前国内的电力巡检机器人按应用场景可分为室外巡检机器人、室内巡检机器人、电缆管廊巡检机器人、巡检无人机四大类。

2.2.2　电力巡检机器人国内外现状

电力巡检机器人的早期研究主要集中在日本、美国等国家。早在 1980 年,日本就开始将移动机器人应用于变电站中,采用磁导航方式,搭载红外热像仪，对 154~275 kV 变电站的设备致热缺陷进行检测,如图 2-21(a)所示;20 世纪 80 年代末期,日本研制出了地下管道巡检机器人，用于监测 275 kV 地下管网内的温度、湿度、水位、甲烷气体、声音、超声波、彩色视频图像等,如图 2-21(b)所示; 20 世纪 90 年代,日本又研制出了涡轮叶片巡检机器人(图 2-21(c)),配电线路检修机器人(图 2-21(d))等应用于不同场景的巡检机器人。

(a)

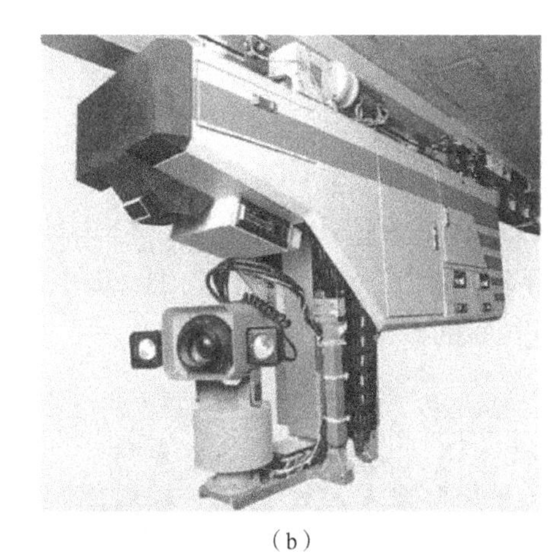

(b)

(c)

(d)

图 2-21　日本电力巡检机器人

(a)变电站巡检机器人　(b)地下管道巡检机器人　(c)涡轮叶片巡检机器人　(d)配电线路巡检机器人

2008 年,巴西学者 J.K.C. Pinto 等人设计了一种配备 WiFi 和红外热像仪的高空滑行变电站巡检机器人,对变电站电力设备的致热点进行检测，如图 2-22(a)所示;美国研发的变电站检测机器人，能够实现电力设备自动红外检测,并使用检测天线定位局部放电位置,如图 2-22(b)所示。

(a)

(b)

图 2-22　国外巡检机器人(1)

(a)巴西巡检机器人 (b)美国电力机器人

2013 年,加拿大研制出了一种检测及操作机器人,采用 GPS 定位方式,在 735 kV 变电站实现视觉和红外检测,并能远程执行开关分合操作,如图 2-23(a)所示。新西兰研制的电力巡检机器人,采用 GPS 定位,具备双向语音交互以及激光避障功能,如图 2-23(b)所示。

以 2016 年 CARPI 会议(国际电力机器人学术会议)上所发表论文及研究成果而言,近 10 年来,电力巡检机器人行业主要由中国引导,其专利、产品数量以及应用规模远远超过了其他国家的数量。

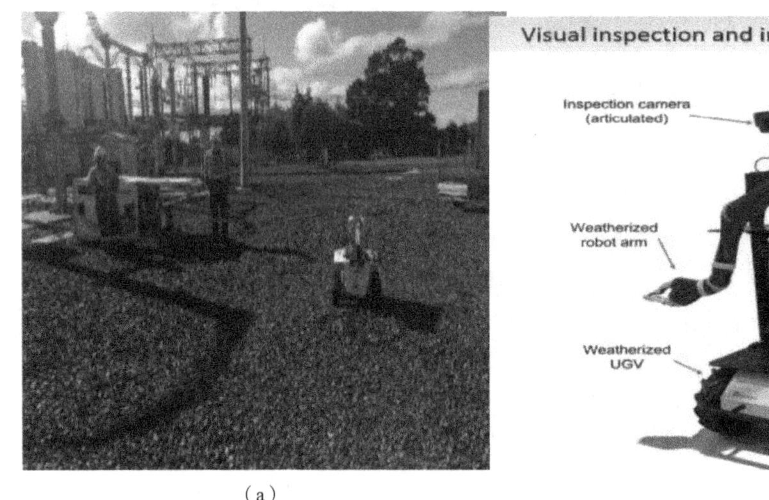

(a)

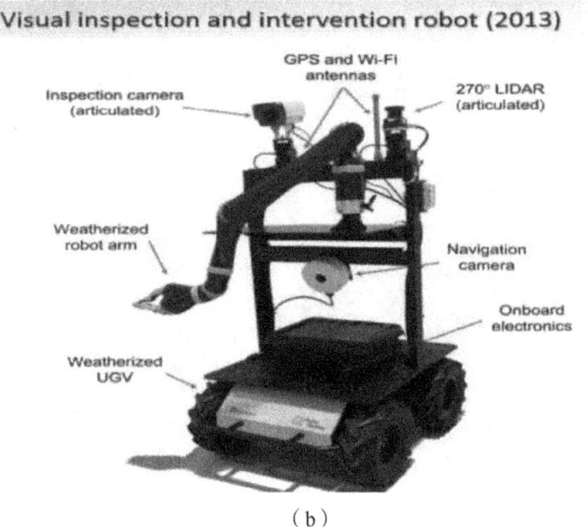

(b)

图 2-23　国外巡检机器人(2)

(a)加拿大检测及操作机器人 (b)新西兰电力巡检机器人

在中国,国家电网公司于 2002 年成立了电力机器人技术实验室,主要开展电力机器人领域的技术研究。2004 年，研制成功第一台功能样机，后续在国家“863 研究项目”和国家电网公司多方项目支持下，研制出了系列化变电站巡检机器人。综合运用非接触检测、机械可靠性设计、多传感器融合的定位导航、视觉伺服云台控制等技术，实现了机器人在变电站室外环境全天候、全区域自主运行，开发了变电站巡检机器人系统软件，实现了设备热缺陷分析预警，开关、断路器开合状态识别，仪表自动读数，设备外观异常和变压器声音异常检测及异常状态报警等功能，在世界上首次实现了机器人在变电站的自主巡检及应用推广，提高了变电站巡检的自动化和智能化水平。

2.2.3　各类巡检机器人及其应用

1. 室外巡检机器人

室外巡检机器人主要应用于变电站、电厂升压站、工厂总降压变电所等室外场景，以及室内变电站、GIS 室等大面积室内场景，取代人工完成巡检作业。目前国内室外巡检机器人的主要供应厂商有 A(图 2-24(a))、B(图 2-24(b))、C(图 2-24(c))、D(图 2-24(d))等公司。目前的室外巡检机器人大多采用轮式移动底盘，搭载 CCD(电荷耦合元件)相机、红外热像仪等传感器的形式，实现对电力设备及环境状态的自主巡检和实时管控。

(a)

(b)

(c)

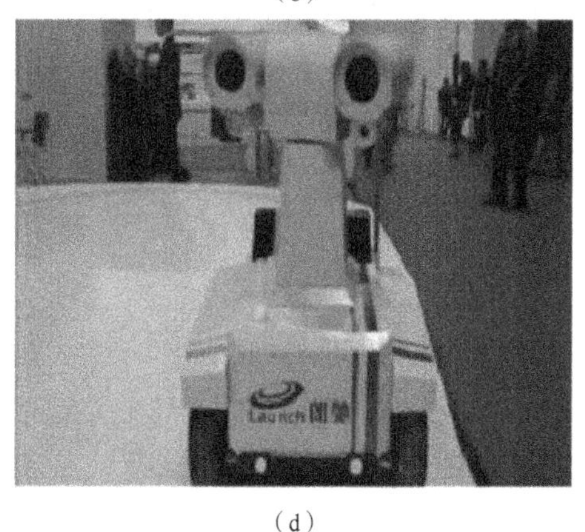

(d)

图 2-24　各公司生产巡检机器人

(a)A 公司机器人　(b)B 公司机器人　(c)C 公司机器人　(d)D 公司机器人

室外巡检机器人以自主或遥控的方式对电力设备进行巡检，可及时发现电力设备的热缺陷以及异物悬挂等设备异常现象。它可以根据预先设定的任务，自动进行全局路径规划，通过携带的各种传感器，完成设备的图像巡视、设备仪表的自动识别、一次设备的红外检测等，并记录设备信息，提供异常报警。操作人员只需通过后台基站计算机收到的实时数据、图像等信息，即可完成设备巡视工作。

具体功能如下。

（1）带电在线检测。

①视频图像识别。机器人搭载高清可见光相机，精确定位拍摄设备图像，自主识别并记录仪表度数，判断分合闸指示灯、分接开关指示灯状态。同时拍摄和记录隔离开关触头、绝缘子、母线等电气设备的状态，以提高自动化管理水平，逐步脱离人工巡检方式。

②红外成像测温。在机器人上配备红外摄像仪，对主变、线路刀闸、开关、母线引下线夹等进行红外成像在线测温，同时将监测数据联网传输。配合巡检机器人平台，可实现周期性检测及快速响应，数据保存于后台中，为故障分析预测提供帮助。

③拾音检测。为机器人加设拾音设备，采集电力设备运行噪声并进行分析，作为设备运行状态评估的辅助判据。

（2）微气象检测。

加装温湿度、风速等环境参数检测装置，对室外及室内环境进行实时监控。检测装置接入巡检机器人平台，巡检人员可通过平台实时获知环境状况，并依据平台的数据分析能力，对环境数据进行汇总、分类，以及多维度交叉分析。

（3）异物入侵、安防监控。

通过门禁系统和视频监控系统与巡检机器人平台的对接，实现安防实时监控。

（4）多样化运行模式。

巡检机器人根据实际情况和需求的不同，采用多种巡检模式，包括周期巡检、半自主巡检、应急 / 特定巡检等。

（a）周期巡检：按既定路径周期性自主巡检。

（b）半自主巡检：按运维人员指定的路径进行巡检。

（c）应急 / 特定巡检：针对突发任务，运维人员可采用本地遥控器进行遥操作巡检。

（5）激光定位与智能导航。

采用激光定位装置，配合即时定位与地图构建（SLAM）技术，可自主构建变电站地图；通过机器人巡检路径规划算法，实现无轨化导航、最优路径导航、最快时间导航等。

（6）独立驱动，原地转弯。

底盘驱动系统采用每个驱动轮独立运动，转向时根据情况驱动轮胎转向。可实现行进中转向，原地 360° 转向，控制灵活，运动速度快，越障爬坡能力强，可通过性高。采用独立驱动的底盘驱动轮，可保证机器人的平稳运行，同时提高了机器人对复杂巡检路径的处理能力，实现巡检路径的全覆盖。

(7)自主充电。

通过机器人电压监控,确定当前是否需要充电;检测到欠压时,机器人自主导航回到充电房附近;使用激光测距仪和视觉识别的方式,实现对充电座的定位;通过调整机器人位姿或控制充电臂,实现机器人充电插头与充电座的对接;充电完毕后通过调整机器人位姿或控制充电臂断开充电插头与充电座的连接,回到正常工作模式。

2. 室内巡检机器人

室内巡检机器人主要针对配电站房、开关室等室内场景的电力设备及其周边环境实现无人巡检。目前国内室内巡检机器人的主要供应厂商有亿嘉和公司、山东鲁能智能、深圳朗驰、科大智能等,近期同样完成了此类巡检机器人的研制,并在少量试点有所应用。

机器人搭载可见光相机、红外相机、局放传感器、拾音器等设备,对室内环境及设备运行状态进行实时监测,实现室内环境监测、带电检测、数据采集与实时联动通信,站所端、远控端、管理端的信息共享和全面联动。

(1)带电在线检测。

包含视频图像识别、局放检测、红外成像测温及联动控制系统,使用图像识别、红外测温等手段,实现电力设备的在线检测。

①视频图像识别。机器人搭载高清可见光相机,精确定位拍摄设备图像,对仪器仪表、开关位置及状态指示灯等对象进行视频及图像记录,并自动识别仪器仪表读数、回路工作状态,并与设备真实状态对照以发现不一致的情况。以此提高自动化管理水平,逐步脱离人工巡检方式。

②局放检测。机器人搭载局放传感器,通过地电波和超声波等方式,实现局放的带电检测,并将数据实时回传。当检测到电力柜局部放电处于异常状态时,立即进行报警,提示管理人员到现场进行维护。实现了不同时刻和位置的电力柜局放检测。

③红外成像测温。在机器人上配备红外摄像仪,不仅能够实现变压器高低压桩头、柜体进出线、站内环境红外成像在线测温、监测数据联网传输,还能实现周期性检测、快速响应,数据保存于后台中,为故障分析预测提供帮助。

(2)环境检测,设备联动。

增加环境智能检测设备,将其连入机器人巡检系统,统一分析处理采集的信息。系统与风机、空调、水泵、门禁等联动,实现自动化管理,辅助决策功能,满足智能化管理要求。

(3)异物入侵、安防监控。

通过门禁系统和视频监控系统与巡检机器人平台的对接,实现对安防实时监控。

(4)多样化运行模式。

①全站巡检:通过机器人后台系统,为机器人设定常规巡检规则。机器人依据设定的巡检规则对所有巡检点进行定时、定期巡检。免除人工后台反复操作。

②手动巡检:当某些特殊设备出现故障,需要人工干预机器人工作时,将系统切换为手动巡检模式,巡检人员可远程或使用遥控器操作机器人进行巡检工作。

③定点巡检:通过机器人后台系统,设定针对单个或多个电力柜下测点的巡检任务,实

现对重点设备或关注设备的定期巡检。

④定制巡检：通过机器人后台系统，设定针对所有电力柜下某类测点类型的巡检任务。

（5）智能辅助设备。

①温 / 湿度监测。温 / 湿度信息实时采集并传递到远程监控中心。当温 / 湿度高于正常指标时，会报警并自动开启空调等设备，将温 / 湿度调节到正常范围内。

②SF_6 监测报警器。实时采集室内 SF_6 的气体浓度信息，并传递到远程监控中心。当气体浓度高于正常指标时，会报警并自动开启风机等设备，将气体排出。

③门禁系统。管理人员可通过后台远程控制门禁开关，并对人员出入授权进行远程管理，实现门禁管理主机的现场控制和数据读取。

④水位控制器。实时监控水位情况。当水位高于指标时，启动水泵抽水，系统自动报警并通过远程数据中心快速通知相关人员进行处理。

⑤风机 / 空调自动控制系统。与巡检机器人系统联动，自动调节室内环境状况。

⑥开关室视频监控。在室内关键位置安装视频探头，实现室内 7×24 小时无死角监控。采集的视频数据实时传送至管控平台，保证室内设备与人员安全。

⑦自动灯光控制。机器人开始巡检时自动开启灯光。工作人员可通过后台系统控制灯光的开关。

3. 管廊巡检机器人

电缆管廊巡检机器人主要应用于地下电缆管道的巡检，目前此类机器人尚未形成规模化应用，前面的 A、B、C 等公司均有产品在不同地区的电缆管道中应用。

管廊巡检机器人使用视频图像采集、红外测温、拾音检测、气体及温湿度检测等手段，实现管廊内设备装置在线检测。

（1）视频图像采集。

通过可见光相机，管廊巡检机器人能够回传电缆本体、管廊通道的视频与图像，同时记录拍摄的数据。

通过图像识别技术，管廊智能巡检机器人能够识别管廊内的表计、指示灯等设备，智能读取数值与状态栏。

（2）红外测温。

管廊巡检机器人配备了红外摄像仪，不仅能够实现电缆本体、接头、接地线的红外成像在线测温、监测数据联网传输，还能实现周期性检测与快速响应。数据保存于后台中，为故障分析预测提供了数据支持。

（3）拾音检测。

电缆管廊是一个封闭、安静的空间，电缆一旦出现故障，运行时会产生噪声。机器人通过拾音器搜集管廊内声音波普等信息，能够及时分析管廊内异常情况，为管廊内电缆故障的定位与及时预警提供条件。

（4）气体、温湿度检测。

管廊巡检机器人配备 CO、CO_2、O_3 等气体传感器和温湿度传感器，可实时检测本体周边气体，保障运维人员人身安全；同时在管廊内固定位置安装分布式气体检测设备，实现对 SF_2、CH_4、CO、CO_2、H_2S 以及温湿度的监控。可实现全管廊环境实时检测，一旦发现问题，及时与环境设备联动，快速解决异常问题。

（5）环境监测，设备联动。

为环境检测设备加设通信功能，将其连入机器人巡检系统，统一分析处理采集的信息。系统与风机、水泵、门禁等联动，实现管廊内环境的自动化管理，辅助决策功能。

（6）电缆通道安防监控模块。

①门禁。电缆通道各区间的门禁系统，具备多种开门方式。当门禁失电时，门外可通过机械钥匙手动开门，门内不用钥匙开锁。

②视频系统。采用红外视频摄像头自动或手动控制监测电缆通道内的情况，监督现场操作全过程。

③防止非法入侵电缆通道，破坏电力设备的行为。

（7）管控平台。

将各类监测信息整合、集成，以地理信息数据方式表达，可实现各种监测数据的查询、分析、预警及综合展示，提高电缆运维能力，保障电缆设备安全可靠运行。检测得到的所有数据可在后台集控平台中查看、处理和分析。

4. 巡检无人机

巡检无人机主要应用于输电线路及其金具、通道环境的巡检。囿于国内的无人飞行器管理制度，针对电力巡检而言，厂家仅提供无人机巡检服务，即由厂家的专业技术人员操作无人机对输电线路进行巡检。

主要功能如下。

（1）可见光拍摄。

通过无人机搭载的可见光摄像机，对输电线路设备状态进行实时监控。主要巡检内容主要为如下 7 类。

①导地线有无缺陷或异常。

②线路金具有无缺陷或异常。

③绝缘子及绝缘子串有无缺陷或异常。

④附属设施有无缺陷或异常。

⑤通道及交叉跨越有无缺陷或异常。

⑥基础地质环境有无缺陷或异常。

⑦杆塔本体运行状况。

（2）红外测温。

无人机搭载红外热像仪，检测导线、线夹、引流线、绝缘子、杆塔、耐张管等设备的发热情况。

5. 阀厅和直流场智能机器人巡检系统

阀厅和直流场智能机器人巡检系统，以轨道机器人为核心，整合机器人技术、电力设备非接触检测技术、多传感器融合技术、模式识别技术及智能诊断技术等，主要针对阀塔等阀厅设备进行全方位的检测和智能诊断。

6. 配网带电作业机器人

应用于城市配电网架空线路的带电作业机器人，采用主从控制方式，携带专用工具，实现人员的非接触操作，可完成带电断线接引线，修补导线，更换绝缘子跌落保险等工作，保证了带电作业人员安全，提高了作业效率。

7. 绝缘子串检测机器人

应用于高压架空输电线路，可以沿瓷或玻璃绝缘子串往复移动，具有可见光检测、单片绝缘子电阻测量、分布电场测量等功能，彻底解决了高压输电线路带电检测的难题。

8. 带电作业水冲洗机器人

变电站水冲洗作业机器人针对变电站支柱绝缘子、悬垂绝缘子串、耐张绝缘子串、避雷针、带电设备套管等进行机器人带电水冲洗作业。其系统由视觉瞄准系统、控制系统、安全防护系统和手持遥控终端等组成。

9. 架空输电线路检测(除冰)机器人

应用于高压架空输电线路，采用附着方式沿线路行走，并可跨越杆塔间障碍，能够在恶劣天气或其他特殊环境下，完成输电线路的监测、清障、除冰作业等人工难以实现的各项工作，提高了线路巡检作业的质量和自动化水平。

本文主要阐述管廊巡检机器人有关内容。管廊巡检机器人是指由移动载体、通信设备和检测设备等组成，采用遥控、半自主或全自主运行模式，用于综合管廊巡检作业的移动装置。

根据《综合管廊智能化巡检机器人通用技术标准》征求意见稿，管廊巡检机器人按行走机构形式可分为有轨式和无轨式(轮式、履带式)机器人；按控制方式可分为自主控制、半自主控制、人工遥控机器人。管廊机器人巡检多采用轨道式，适合全自主巡检及半自主巡检。巡检机器人优势对比分析见表2-1。巡检控制方式对比见表2-2。

表2-1 巡检机器人优势对比

类型	优势	缺点	应用场景
轮式	运动速度快，续航能力强，工作效率高	越障能力较弱	适合室内或铺装路面
履带式	越障能力强	运动速度慢、能耗高	能通过室外大部分复杂、恶劣路面
轨道式	不受地形限制，精确控制运动路线，运动速度快，工作效率高	提前铺设好轨道	管廊内使用较多

表2-2 巡检控制方式对比

类型	优势	缺点
全自主	根据系统预先设定的巡检任务内容、时间、路径等信息，机器人自主启动并完成巡检任务	日常巡检，自动化程度高

续表

类型	优势	缺点
半自主	在每次巡检任务前,操作人员预先设定巡视点,机器人自主完成巡检任务	任务场景为异常巡检,可重点关注故障点和可能故障点,为针对性巡检
遥控巡检	由操作人员手动遥控机器人行驶至指定地点,完成巡视工作,工作效率高	指定位置精细巡检,针对特定位置手动巡检,更精准排查故障

本文以全向机器人与挂轨机器人为例,具体阐述机器人总体设计、结构以及相关功能。

2.3　全向机器人技术

2.3.1　全向机器人概述

全向机器人是集环境感知、路径规划、智能控制等多功能于一体的综合控制系统,可辅助或代替人在复杂地形条件下完成既定任务。在未知的环境下,机器人利用自身灵活的机械结构和视觉传感器,在获取环境信息的同时,识别动静态物体并快速躲避或跟踪物体,广泛应用于安防、无人驾驶、危险区域、军事国防等场景中。

相比于传统移动机器人,全向机器人在其运动的平面位姿坐标系中具有 3 个自由度,可实现前后、左右、原地转向运动。全向机器人的原地转向运动,克服了传统移动机器人需要差速转向的弊端,即能够实现零半径的转向运动,且全向机器人突破了传统移动机器人无法实现横向左右移动的限制。全向机器人平面运动多自由度的运动特点,使其更加适于应用在一些传统移动机器人无法工作的场合:全向机器人自身特有的原地转向性能,使其在狭窄、拥挤空间中运动时,更加灵活、方便、快捷;同时,全向机器人可以通过对轮子位置的细微调节,实现精确定位,可应用于高精度的装配加工行业。

传统移动机器人只能实现前后移动、差速转向,且无法实现横向移动,在许多生活生产领域已经无法满足特定的工作要求,反之,全向机器人具有传统非全向机器人不具备的原地转向、左右横向移动的特性,在许多特定的应用领域具有无可取代的优势,因此研究全向机器人具有重要意义。目前国内外很多机构展开了全向机器人的研制工作,随着全向机器人技术的不断发展,其应用领域和范围越来越广泛,从工业生产到人们的日常生活处处可见它们的踪影,全向机器人已逐渐成为移动机器人的发展趋势。

而在城市综合管廊的综合仓里配备一台全向巡检机器人,可用于对管廊进行智能巡检与故障排查,保障仓内的基础设施安全运行。针对管道泄漏问题,实现对管道泄漏点的发现和定位,并通过遥控操作机械臂和电磁检测模块实现对泄漏伤损的详细检测。

机器人按每日规划的巡视检测任务,定时开始巡视检测工作;可根据预先设定的巡检点的位置,沿着预定轨迹依次进行自动巡检。机器人搭载各种高精度数据采集设备,包括高清摄像机、高保真声音采集器、温湿度传感器等,通过移动检测的方式,实现管廊内监控的全覆盖、全检测。

机器人系统还支持定点或定任务巡检。只需通过后台系统，选择想要进行巡视的巡检点，向机器人派发临时巡检任务，机器人就会按照选择的任务内容完成巡检任务。

机器人所配备行程达到 1 050 mm 的折叠臂，充分保证了机器人覆盖所有设备区域，实现机器人全方位自主巡检功能。

2.3.2 全向机器人总体设计

全向巡检机器人系统包括机器人管理后台（数据平台、遥操作平台等）、机器人行走平台等。

1. 机器人管理后台总体设计

综合仓全向巡检机器人平台可实现对机器人的控制管理、数据采集、数据处理、实时显示等功能。

机器人控制管理，分为全自主控制（后台发布命令，机器人按预先设定的检测路径和检测方法进行主动巡检）和集控巡检控制模式（人工干预机器人检测）；数据采集，采集机器人现场的相关数据（机器人状态、环境数据、检测数据等）；数据处理，将采集的数据进行统一的存储、通过特定算法处理不同的数据；实时显示，在集中控制中心大屏进行动态的数据呈现（机器人状态、环境参数、检测结果、报警信息、现场视频、地理信息等）。

1）控制管理

机器人控制管理包括机器人本体控制、机械臂控制、机器人行走辅助电梯控制、检测系统采集控制。控制方式如下。

（1）遥操作控制：机械手遥操作、升降装置、机器人前进后退、电磁检测仪器的开关等。

（2）自动控制：编制机器人巡检的动作流程（机械手、升降装置、机器人整体的动作流程），可在后台预先编制多套自动控制方案，如需要时可随时下载并执行。

（3）自动控制和遥操作控制相结合：自动控制机器人前往任务点，到位后先通过温湿度、视觉检测等进行伤损位置初步定位，然后启动手动控制程序切换至遥操作控制，控制机械臂实现电磁检测，精确定位出伤损位置。

2）数据采集、处理及界面信息

全向巡检机器人作为一个多功能的系统，涉及各种设备和系统之间的数据交换，这些数据包括环境感知系统获取的环境和自身数据、主控系统所作出的决策数据、执行机构的反馈数据等。

全向巡检机器人涉及多模块的整合，考虑到各主体之间的差异性，数据传输的方式分为 3 种，包括网络交换机通信、总线通信和无线 AP（Access Point，接入点）。

（1）网络交换机通信：车载机械臂模块、泄漏检测模块、环境感知摄像头、定位模块接入网络交换机，通过网口与主控器进行通信。

（2）总线通信：信息感知模块、执行模块、电源管理模块等需要由主控器直接进行控制的部分接入 485 或 CAN 总线，与主控器进行本地通信。

（3）无线 AP：主控器经由无线 AP 接入城市轨道无线网络，实现远端和轨道巡检车的数据交换。其中信息包含项目基本信息、机器人基本信息、机器人行走辅助电梯信息、机械臂基本信息、检测系统基本信息、地理信息、报警信息、图像信息等。

2. 机器人行走平台设计

机器人行走平台包括驱动装置(驱动电机 + 悬挂系统)、车体、升降平台。具体样式如图 2-25 所示。

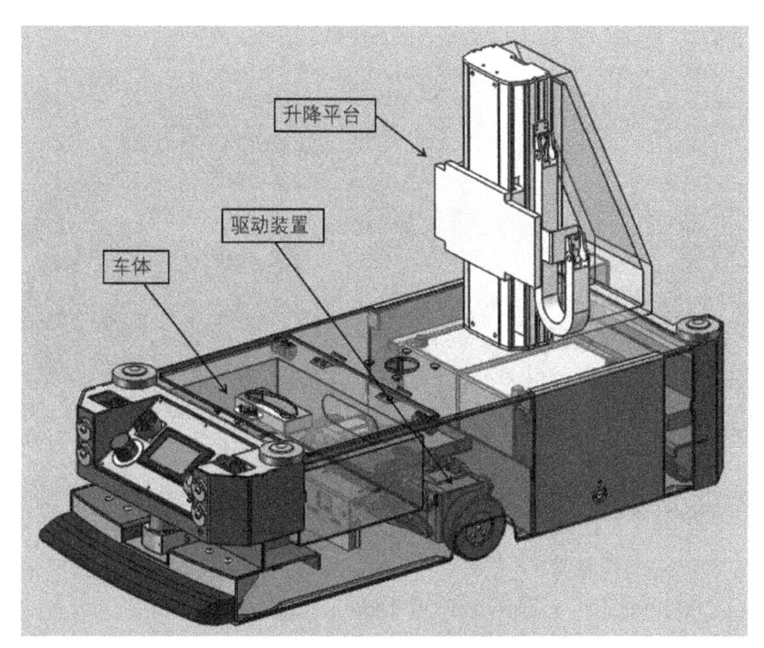

图 2-25　行走平台三维建模

驱动系统如图 2-26 所示。

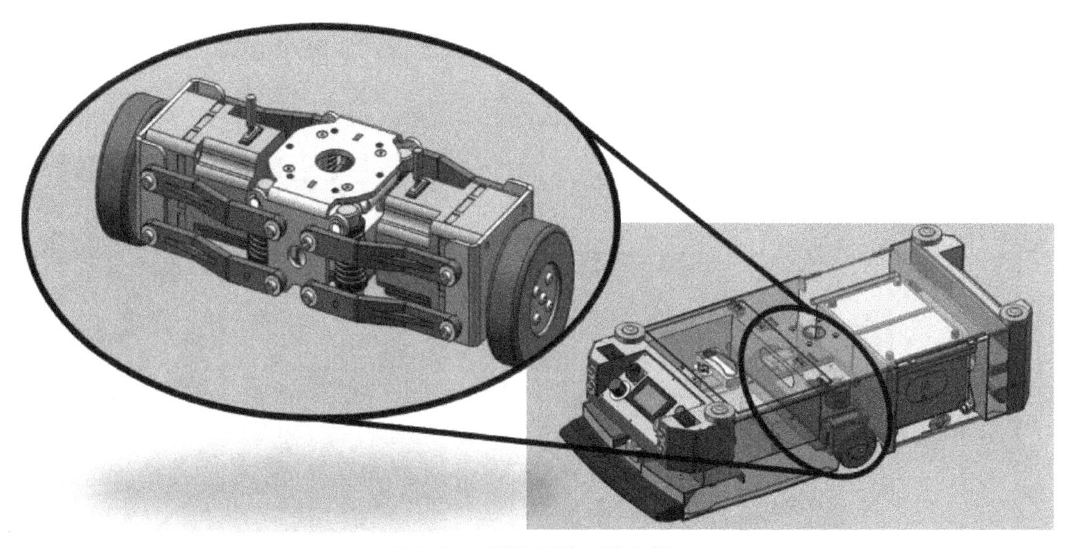

图 2-26　驱动系统三维建模

1)驱动系统

驱动轮搭配多连杆式悬挂系统，基于平行四边形几何原理，辅以减震弹簧，可实现在遇到障碍时，轮子垂直上下移动，从而保持与地面的接触。

选用两台 100 W、减速比为 30 的直流无刷减速电机实现差速转向。

2)车体

车体如图 2-27 所示。

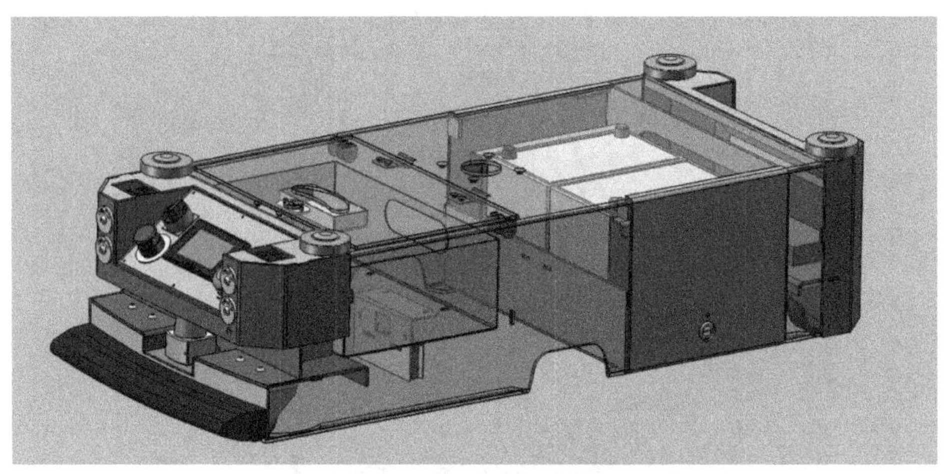

图 2-27 车体三维建模

车体尺寸：1 200 mm(长) × 700 mm(宽) × 400 mm(高)。

搭配 4 组万向轮和 4 组导向轮，导向轮在进入电梯辅助装置时起到导向作用。整体车身在保证载荷结构强度的前提下，采用了骨架式结构，使得机器人不会过重。

3)升降系统

采用高工直线丝杆模组，并搭配 120 W 国产时代超群伺服减速电机。具体模型与实物如图 2-28 所示。

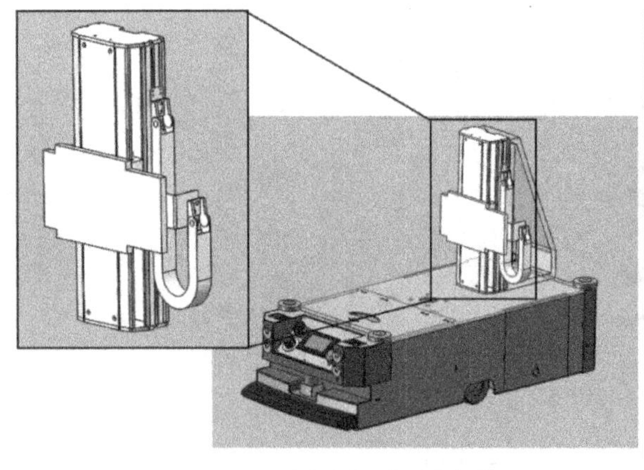

(a)升降平台三维建模

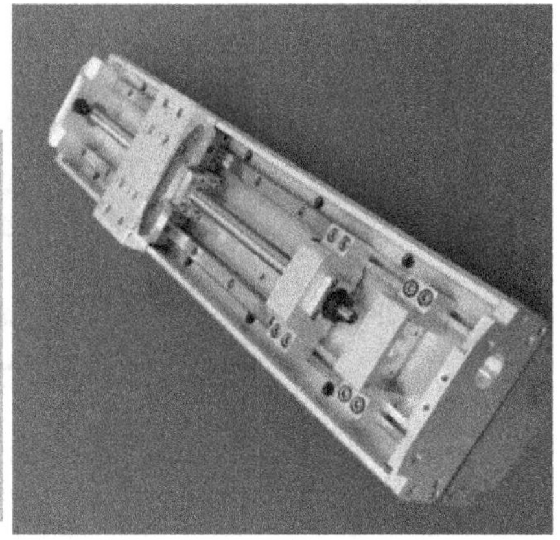

(b)高工直线丝杆实物图

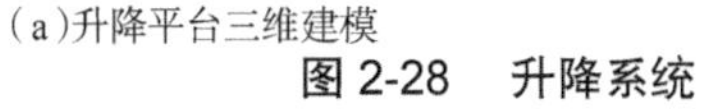

图 2-28 升降系统

2.4　挂轨机器人技术

2.4.1　挂轨机器人概述

随着人工智能技术及机器人技术的日益发展，巡检机器人在各种领域中被广泛应用。它们的作用是替代或辅助人类进行各种巡检工作，因为巡检工作一般是枯燥、重复性强、耗时费力和劳动密集型的工作。目前应用最为广泛的领域包括变电站、地下管廊、矿井等。按照工作模式可以分为飞行式、轮式、轨道式和固定式。而轨道式巡检机器人是现在各领域中应用最广泛的一种。

轨道式巡检机器人的出现早于其他工作模式的巡检机器人，技术上也相对成熟。它通常搭载了温度、湿度、烟雾、气体、雷达、声音、图像、定位等各类功能的传感器，结合专门设计的硬件结构和智能化软件系统，总体上具有图像和语音识别、远程传输各类数据、远程控制以及感知所处环境其他信息等功能。因为轨道式巡检机器人的巡检路径是固定的，它能在轨道经过的地区附近代替人工巡检。如变电站的高空电缆上，地下污水廊道中，地下电缆管廊中和地下矿井中。这些地方通常存在空气潮湿、空气异味重、存在有毒有害气体、粉尘浓度高和噪声强等问题。应用轨道式巡检机器人可以有效地提高巡检安全性和巡检质量，降低人工劳动强度和单位的人工成本。

挂轨式智能巡检机器人应用于综合管廊中，可以在很大的程度上实现对综合管廊不间断的反复巡检，这是人力巡检所难以实现的。在进行反复巡检的过程中，可以对地下综合管廊当中相关的环境数据、声音和采集到的图像视频等进行连续的自动化存储。智能巡检机器人自身也具备着比较多样化的工作模式，比如开机自检、上位唤醒和自动休眠等。在智能巡检机器人工作的过程中，相关工作人员可以通过远程监控的方式来对智能巡检机器人自身的行走速度进行控制。此外，在进行综合管廊自动巡检的过程中，智能巡检机器人还能应对巡检过程当中可能会出现的各种问题，比如说自行匀速巡检、紧急事件高速到达、遇到障碍自动停车警告等，这些功能在巡检的过程中相互配合，进而保证了最终的巡检质量。

2.4.2　挂轨机器人总体设计

当前的智能巡检机器人主要是由 6 个部分组成的，在进行相关组成研究时，就要从这 6 个方面入手，从而可以对智能巡检机器人有更加科学的认识，如图 2-29 所示。

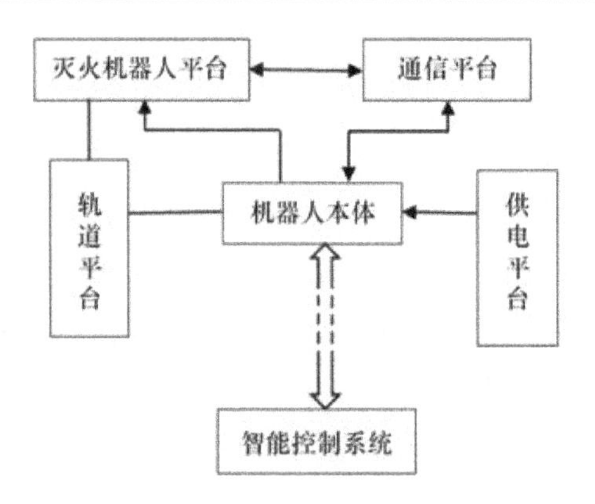

图 2-29 智能巡检机器人的组成

1)机器人本体

机器人本体在巡检过程中发挥主要作用,它本身也是由几个系统组成的,通过系统之间的相互作用来实现相关功能。首先是图像采集系统,在这个系统中集合了高清摄像技术和热成像技术,这可以在最大程度上确保在低照明度状况下也能够顺利成像,减少拍摄过程中盲区的产生。其次是语音对讲及应急广播系统,利用这个系统,机器人在巡检的过程中如果发现问题的话,就可以通过实时对讲来应对所发生的紧急情况。再次是环境检测系统,通过这个系统能够有效地对检测区的相关环境参数加以检测。机器人自带的自主防撞与避障系统有助于确保机器人在开展检测工作时能够借助于超声波探测,对检测区中的障碍物进行自主规避,当遇到障碍物时,机器人可以实现自动停止,同时报警。最后还有定位系统,机器人的这个系统可以实现对于里程进行精准化的定位,对于自身所处的位置能够实时上传,并且通过 GIS 地图来达到精准定位的目的。

2)灭火机器人平台

灭火机器人和巡检机器人之间是一种相互配合的关系,这两个机器人是共用轨道系统、控制系统、通信和充电系统的。它主要依靠其自身的超细干粉灭火器工作,一旦巡检机器人发现地下综合管廊发生火灾,就能迅速准确地达到火灾位置,及时地扑灭火势。

3)智能控制系统

对于挂轨式巡检机器人来说,这个系统可以说是巡检工作得以顺利进行的核心。通过智能控制系统可以实现对巡检机器人的远程控制,并且对巡检过程中所获取的信息及时进行处理。首先,该系统可以在智能巡检过程中发挥作用,使机器人按照提前设定的巡检路线巡检,通过手动控制和自动控制两种方式,及时地对巡检工作进行调整。其次是进行告警管理,通过智能机器人的巡检工作,可以对检测区域中的超标内容进行查验,然后通过短信或者邮件等方式,及时地进行告警,在这个基础上,通过人机界面来对所存储的告警信息进行查询。最后,还可以进行信息采集与数据处理。巡检机器人在巡检的过程中会生成一系列的数据,通过智能控制系统可以对这些巡检数据和图像进行存储和处理,实时地对智能机器人的工作状态进行监测,继而可以为后续分析工作的进行提供准确的数据依据。挂轨式巡检机器人的后台控制系统与全向式机器人存在很大的相似性,故不在本节赘述。

4)轨道平台

挂轨式巡检机器人的轨道平台是由一个工字形轨道构成的,并且这个轨道建设过程中所使用的也是一种特制的钢材。通过这个轨道能够对巡检机器人的主体进行支承,并且为了满足更加多样化的需求,还可以采取更加多样化的模式,比如采用铝合金导轨或者钢制导轨等。

5)供电平台

为了确保巡检机器人正常工作,必须要有稳定的电源供应来及时地对智能机器人进行电能补充。对于智能巡检机器人来说,所选择的供电方式主要是电池和分布式接触充电系统相结合,这样就能够确保智能巡检机器人走更长的距离。

6)通信平台

智能巡检机器人在综合管廊中进行巡检工作时,主要是利用无线网波传输技术来实现正常运行,巡检机器人和远程监控中心主要借助于以太网进行通信工作,并且系统配备后备电源,这样一旦主网断电之后,系统还可继续正常运行一段时间,不致造成太大的损失。

1. 机器人管理后台设计

综合仓挂轨式巡检机器人平台可实现对机器人控制管理、数据采集、数据处理、实时显示等功能。

1)控制管理

机器人控制管理包括机器人本体控制、机械臂控制、机器人行走辅助电梯控制、检测系统采集控制。控制方式如下。

(1)遥操作控制:机械手遥操作、升降装置、机器人前进后退、电磁检测仪器的开关等。

(2)自动控制:编制机器人巡检的工作流程(机械手、升降装置、机器人整体的动作流程),可在后台预先编制多套自动控制方案,如需要时可随时下载并执行。

(3)自动控制和遥操作控制相结合:自动控制机器人前往任务点,到位后先通过温湿度、视觉、电磁检测等进行伤损位置定位,然后启动手动控制程序切换至遥操作控制。

2)数据采集、处理及界面信息

挂轨式巡检机器人作为一个多功能的系统,涉及各种设备和系统之间的数据交换,这些数据包括环境感知系统获取的环境和自身数据、主控系统所作出的决策数据、执行机构的反馈数据等。

挂轨式巡检机器人涉及多模块的整合,考虑到各主体之间的差异性,数据传输的方式分为3种,包括网络交换机通信、总线通信和无线AP(Access Point,接入点)。

(1)网络交换机通信:车载机械臂模块、泄漏检测模块、环境感知摄像头、定位模块接入网络交换机,通过网口与主控器进行通信。

(2)总线通信:信息感知模块、执行模块、电源管理模块等需要由主控器直接进行控制的部分接入485或CAN总线,与主控器进行本地通信。

(3)无线AP:主控器经由无线AP接入城市轨道无线网络,实现远端和轨道巡检车的数据交换。包含项目基本信息、机器人基本信息、机器人行走辅助电梯信息、机械臂的基本信息、检测系统基本信息、地理信息、报警信息、图像信息等。

2. 机器人行走平台设计

行走平台如图 2-30 所示。

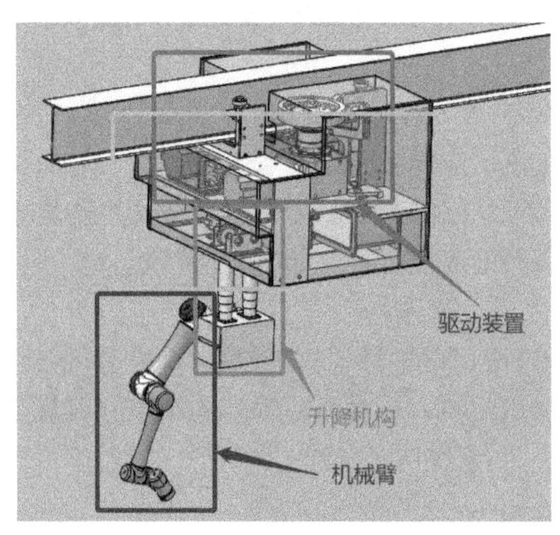

图 2-30 行走平台三维建模

行走平台包括驱动装置、车体、升降机构、机械臂。

其中行走平台详细指标见表 2-3。

表 2-3 行走平台指标

名称	指标
使用环境	城市地下综合管廊燃气仓 最大坡度为 8.42% 最大下凹段坡度为 51.9% 工作环境温度：-10~45 ℃ 相对湿度:最湿月月平均最大相对湿度不大于 90% 防护等级 IP55
行驶速度	0~1.2 m/s 连续可调
爬坡能力	10°（另含 3 个集水坑最大角度 51.9° 需要辅助装置）
自身质量	50 kg(可根据供方调整）
升降载荷	200 N
升降行程	算自身最高高度可达 600 mm(不含机械臂）
升降速度	0.1 m/s

1)驱动装置

选用两个独立伺服减速电机作为驱动电机。驱动轮选用聚氨酯材料,同时驱动轮系统通过弹性对夹的形式,为机器人驱动系统提供足够的摩擦力,如图 2-31 所示。

选用两台 100 W 减速比 30 的直流无刷减速电机,型号为 60 A2 A02030-SC。

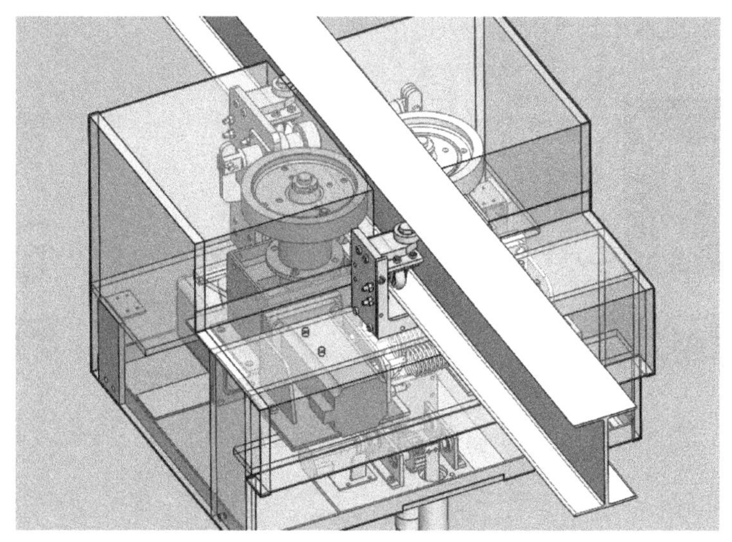

图 2-31　驱动装置

2）车体

车体结构包含车架体、导向轮组等，如图 2-31 所示。

3）升降机构

升降机构选用直流伺服电机作为驱动电机，通过 2 组竹节式伸缩导向杆和单弯链条，实现稳定的升降动作，如图 2-32 所示。

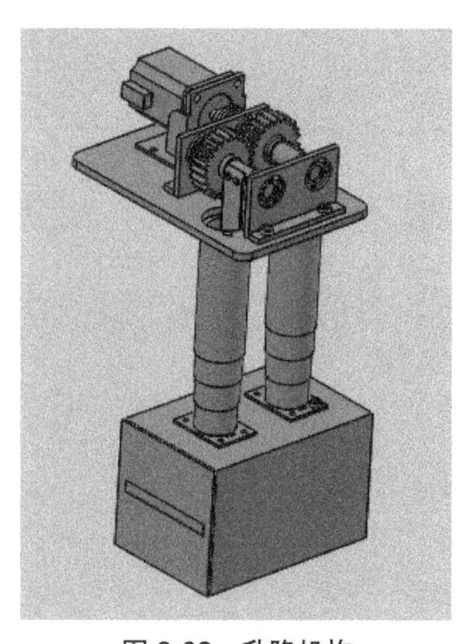

图 2-32　升降机构

4）协作机械臂

控制器：基于 x86 平台与 Linux 操作系统开发，支持 EtherCAT 高速总线、485 通信。

机器人本体：六轴机器人。

小比例机械臂：可拖动的小比例机械臂，可以准确反馈末端的位置和姿态信息。

云端无线通信模块：采集小比例机械臂的位姿信息并通过公网 Internet，发送给机器人的控制器,如图 2-33 所示。

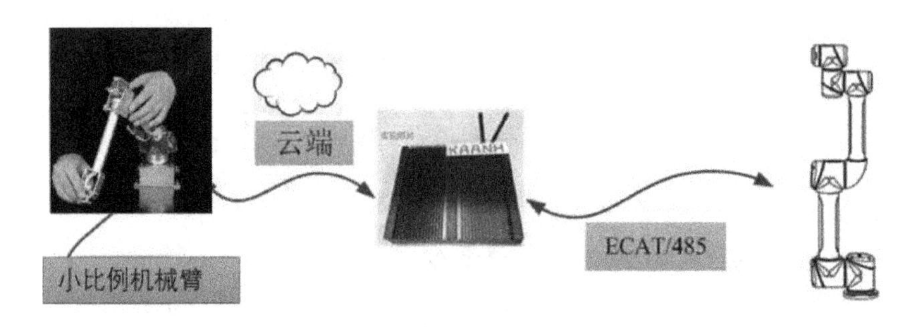

图 2-33 机械臂通信图

第 3 章　机器人的传感器技术

3.1　机器人常用传感器

3.1.1　机器人需要的感觉能力

机器人是由计算机控制的复杂机器，它一般由机械本体、控制器、伺服驱动系统和检测传感装置构成，是一种综合了人和机器特长、能在三维空间完成各种作业的典型的机电一体化设备。机器人具有类似人的肢体及感官功能，动作程序灵活，有一定程度的智能，在工作时可以不依赖人进行操作。机械机构是机器人的躯干，传感器赋予机器人视觉、听觉和触觉等感觉，电机驱动装置是机器人的肌肉和四肢，控制器就像机器人的大脑，软件是机器人的中枢神经，而人工智能算法则赋予机器人情感和智商。传感器在机器人中起着非常重要的作用，正因为有了传感器，机器人才具备了人类的知觉功能和反应能力。机器人的感觉系统通常分为触觉、接近觉、视觉、听觉、嗅觉等。

（1）触觉是智能机器人实现与外部环境直接作用的必要媒介。作为视觉的补充，触觉能感知目标物体的表面性能和物理特性，如柔软性、硬度、弹性、粗糙度和导热性等。对它的研究从 20 世纪 80 年代初开始，到 20 世纪 90 年代初已取得了大量的成果。触觉能保证机器人可靠地抓住各种物体，也能使机器人获取环境信息、识别物体形状和表面的纹路，确定物体空间位置和姿态参数等。一般认为触觉包括接触觉、压觉、滑觉、力觉 4 种，狭义的触觉按字面意思来看是指前 3 种感知接触的感觉。

（2）接近觉是一种粗略的距离感觉。接近觉传感器是用来控制自身与周围物体之间相对位置或距离的传感器，用来探测一定距离范围内是否有物体接近、物体的接近距离和对象表面形状及倾斜等状态。它一般都装入机器人手部，主要起两方面作用：对物体的抓取和避障。接近觉传感器一般用非接触式测量元件。接近觉传感器有霍尔效应传感器以及电磁感应式、光电式、电容式、气压式、超声波式、红外式以及微波式传感器等多种类型。其中光电式接近传感器的应答性好，维修方便，尤其测量精度很高，是目前使用最多的传感器，但其信号处理复杂，使用环境受到一定的限制（如环境光度偏低或污浊）。

（3）视觉是获取信息最直观的方式，人类 75% 以上的信息都来自视觉。视觉一般包括 3 个过程：图像获取、图像处理和图像理解。视觉传感器在 20 世纪 50 年代后期出现，发展十分迅速，是机器人中最重要的传感器之一。机器视觉从 20 世纪 60 年代开始首先处理积木世界，后来发展到处理室外的现实世界。20 世纪 70 年代以后，具有实用性的视觉系统出现了。视觉信息可分为图形信息、立体信息、空间信息和运动信息。图形信息就是平面信息，它可以记录二维图像的明暗和色彩，在识别文字和形状时起重要作用；立体信息表明物体的三维形状，如远近、配置等信息；空间信息可以用来感知活动空间、手足运动的余地等信息；运动信息是随时间变化的信息，表明物体的有无、运动方向、运动速度等信息。

（4）听觉也是机器人的重要感觉器官之一。由于计算机技术及语音学的发展，现在已经部分实现用机器代替人耳。它不仅能通过语音处理及辨识技术识别讲话人，还能正确理解一些简单的语句。机器人听觉系统中的听觉传感器的基本形态与麦克风相同，这方面的技术已经非常成熟。因此关键问题还是在声音识别上，即语音识别技术。它与图像识别同属于模式识别领域，而模式识别技术就是最终实现人工智能的主要手段。语言识别系统包括特定人及非特定人的语音识别系统。

①特定人的语音识别系统。特定人语音识别方法是事先将指定的人的声音中的每一个字音的特征矩阵存储起来，形成一个标准模板，然后再进行匹配。它首先要记忆一个或者几个语音特征，而且被指定的人的讲话内容也必须是事先规定好的有限的几句话。特定语音识别系统可以识别讲话的人是不是事先指定的人，以及讲的哪一句话。

②非特定人的语音识别系统。非特定人语音识别系统大致可以分为语音识别系统、单词识别系统、数字音（0~9）识别系统。非特定人语音识别方法需要对一组有代表性的人的语音进行训练，找出同一词音的共性，这种训练是开放式的，能对系统进行不断的修正。在系统工作时，将系统接收到的声音信号用同样的办法求出特征矩阵，再与标准模式比较，看它与哪个模式接近或相同，从而识别该信号的含义。

（5）机器人嗅觉系统通常由交叉敏感的化学传感器阵列和适当的模式识别算法组成，可用于检测、分析和鉴别各种气味。目前主要采用了3种方法来实现机器人的嗅觉功能：一是在机器人上安装单个或多个气体传感器，再匹配处理电路来实现嗅觉功能；二是研究者自行研制简易的嗅觉装置；三是采用商业的电子鼻产品。

3.1.2 机器人传感器的分类

机器人传感器可分为内部检测传感器和外界检测传感器两大类。外界检测传感器用于机器人对周围环境、目标物的状态特征获取信息，使机器人和环境能发生交互作用，从而使机器人对环境有自校正和自适应能力。内部检测传感器是以机器人本身的坐标轴来确定其位置的，安装在机器人自身之中，用来感知它自己的状态，以调整和控制机器人的行动。

在机器人的内部传感器中，位置传感器和速度传感器是机器人反馈控制中不可缺少的元件。同时，倾斜角传感器、方位角传感器及振动传感器等也被用作机器人的内部传感器。内部传感器按功能可分为：规定位置及规定角度的检测、位置及角度测量、速度及角速度测量、加速度测量。

1. 规定位置及规定角度的检测

检测预先规定的位置或角度，可以用开或关两个状态值。一般用于检测机器人的起始原点、越限位置或确定位置。

微型开关：规定的位移或力作用到微型开关的可动部分（称为执行器）时，开关的电气触点断开或接通。限位开关通常装在盒里，以防水、油、尘埃的侵蚀和外力的作用。

光电开关:光电开关是由 LED 光源和光敏二极管或光敏晶体管等光敏元件组成的,是相隔一定距离而构成的透光式开关。当光由基准位置的遮光片通过光源和光敏元件的缝隙时,光射到光敏元件上,从而起到开关的作用。

2. 位置及角度测量

测量工业机器人关节线位移和角位移的传感器是工业机器人位置反馈控制中必不可少的元件。

电位器可作为直线位移和角位移的检测元件。为了保证电位器的线性输出,应保证等效负载电阻远远大于电位器总电阻。电位器式传感器结构简单、性能稳定,使用方便但分辨率不高,且当电刷和电阻之间接触面磨损或有尘埃附着时会产生噪声。

旋转变压器由铁芯、两个定子线圈和两个转子线圈组成,是测量旋转角度的传感器。定子和转子由硅钢片和坡莫合金叠层制成。给各定子线圈加上交流电压,转子线圈由于交链磁通的变化产生感应电压。感应电压和励磁电压之间相关联的耦合系数将随转子的转角而改变。根据测得的输出电压,就可以知道转子转角的大小。

编码器输出波形为位移增量的脉冲信号。根据检测原理,编码器可分为光学式、磁式、感应式和电容式。

3. 速度及角速度测量

速度、角速度测量是驱动器反馈控制必不可少的环节。有时也利用测位移传感器测量速度及检测单位采样时间的位移量。但这种方法有其局限性:低速时存在测量不稳定的风险;高速时,测量精度较低。

最通用的速度、角速度传感器是测速发电机或比率发电机。测量角速度的测速发电机,按其构造可分为直流测速发电机、交流测速发电机和感应式交流测速发电机。随着机器人的高速化和高精度化,机器人的振动问题会越来越严重。为了解决振动问题,有时在机器人的运动手臂等位置安装加速度传感器,测量振动加速度,并把它反馈到驱动器上。

机器人外界检测传感器通常包括触觉传感器、接近觉传感器、视觉传感器、听觉传感器、嗅觉传感器等。

1. 触觉传感器

1)接触觉传感器

接触觉传感器可检测机器人是否接触目标或环境,用于寻找物体或感知碰撞。传感器装于机器人的运动部件或末端操作器上,用以判断机器人部件是否与对象发生碰撞,以解决机器人的运动正确性,实现合理抓握或防止碰撞。

机器人接触觉传感器最经济适用的形式是各种微动天关。除微动开关外,接触觉传感器还采用碳素纤维及聚氨基甲酸酯为基本材料构成触觉传感器。机器人与物体接触,通过碳素纤维与金属针之间建立导通电路。与微动开关相比,碳素纤维具有更高的触电安装密度、更好的柔性,可以安装于机械手的曲面手掌上。

2)压觉传感器

压觉传感器用来检测和机器人接触的对象物之间的压力值。这个压力可能是物体施加给机器人的，也可能是机器人主动施加给对象物的（如手爪夹持对象物时的情况）。压觉传感器的原始输出信号是模拟量。

压觉用于握力控制与手的支撑力检测，实际是接触觉的延伸。现有压觉传感器一般有以下几种。

（1）利用某些材料的压阻效应制成压阻器件，将它们密集配置成阵列，即可检测压力的分布。

（2）利用压电晶体的压电效应检测外界压力。

（3）利用半导体压敏器件与信号电路构成集成压敏传感器。

（4）利用压磁传感器和扫描电路与针式接触觉传感器构成压觉传感器。

3）滑觉传感器

机器人在抓取不知属性的物体时，需要确定最佳的握紧力。当握紧力不够时，被握物体与机器人手爪间会存在滑动。在不损害物体的前提下，通过测量物体与机器人手爪间的滑动状态来保证最可靠的夹持力度，实现此功能的传感器称为滑觉传感器。

滑觉传感器有滚动式和球式，还有一种通过振动检测滑觉的传感器。物体在传感器表面滑动时，将与滚轮或环相接触，物体的滑动转变成转动。滚动式传感器一般只能检测到一个方向的滑动，而球式传感器则可以检测到各个方向的滑动。振动式滑觉传感器表面伸出的触针能和物体接触。当物体滚动时，触针与物体接触而产生振动，这个振动由压电传感器或磁场线圈结构的微小位移计进行检测。

4）力觉传感器

力觉是指对机器人的指、肢和关节等在运动中所受力的感知，主要包括腕力觉、关节力觉和支座力觉等。根据被测对象的负载，可以把力觉传感器分为测力传感器（单轴力传感器）、力矩传感器（单轴力矩传感器）、手指传感器（检测机器人手指作用力的超小型单轴力传感器）和六轴力觉传感器等。力觉传感器根据力的检测方式不同，可以分为以下几种。

（1）检测应变或应力的应变片式力觉传感器。应变片力觉传感器被机器人广泛采用。

（2）利用压电效应的压电元件式力觉传感器。

（3）用位移计测量负载产生的位移的差动变压器、电容位移计式力觉传感器。

其中最常用的为电阻应变片，利用了金属丝拉伸时电阻变大的现象，它被贴在加力的方向上。电阻应变片用导线接到外部电路上可测定输出电压，得出电阻值的变化。

在选用力觉传感器时，首先要特别注意额定值，其次在机器人通常的力的控制中，力的精度意义不大，重要的是分辨率。在机器人上安装使用力觉传感器时，一定要事先检查操作区域，清除障碍物。这对保证实验者的人身安全以及保证机器人及外围专业设备不受损害有重要意义。

2. 接近觉传感器

1）电磁感应式接近觉传感器

变化的磁场将在金属体内产生感应电流。这种电流的流线在金属体内是闭合的，所以称为涡旋电流（简称涡流），而涡流的大小随金属体表面与线圈的距离大小而变化。当电感线圈内通以高频电流时，金属体表面的涡流电流反作用于线圈 L，改变 L 内的电感大小。通过检测电感便可获得线圈与金属体表面的距离信息。

2）电容式接近觉传感器

其工作原理是利用平板电容器的电容 C 与极板距离 d 成反比的关系。其优点是对物体的颜色、构造和表面都不敏感且实时性好。其缺点是必须将传感器本身作为一个极板，被接近物作为另一个极板。这就要求被测物体是导体且必须接地，大大降低了其实用性。

3）超声波接近觉传感器

由于超声波指向性强，能量消耗缓慢，在介质中传播的距离较远，因而超声波经常用于距离的测量，如测距仪和物位测量仪等，都可以通过超声波来实现。利用超声波检测往往比较迅速、方便、计算简单、易于做到实时控制，并且在测量精度方面能达到工业实用的要求，因此在移动机器人研制上也得到了广泛的应用。

超声波传感器能够间断地发出高频声波（通常在 200 kHz 范围内）。超声波传感器有 2 种模式：对置模式和回波模式。在对置模式中，接收器放置在发射器的对面，而在回波模式中，接收器放在发射器的旁边或与发射器集成在一起，负责接收反射回来的声波。如果接收器在其工作范围内（对置模式）或声波靠近传感器的物体表面反射（回波模式），则接收器就能检测出声波并产生相应的信号。否则接收器就检测不出声波，也就没有信号。所有的超声波传感器都有盲区，在此盲区内，传感器不能测距，也不能检测出物体的有无。在回波模式中，超声波传感器不能探测橡胶和泡沫材料的物体，因为这些物体不能很好地反射声波。

4）霍尔元件传感器

霍尔效应指的是金属或半导体片置于磁场中，当有电流流过时，在垂直于电流和磁场的方向上产生电动势。霍尔传感器单独使用时，只能检测有磁性物体。当与永磁体联合使用时，可以用来检测所有的铁磁物体。传感器附近没有铁磁物体时，霍尔传感器感受一个强磁场；若有铁磁物体时，由于磁力线被铁磁物体旁路，传感器感受到的磁场将减弱。

3. 视觉传感器

视觉传感器获取的信息要比其他传感器获取的信息多得多，但目前还远未能使机器人视觉具有和人类一样的功能。视觉传感器把光学信号转化为电信号，即把入射到传感器光敏面上按空间分布的光强信息转化为按时序串行输出的电信号——视频信号，而该视频信号能再现入射的光辐射图像。固体视觉传感器分为三大类：电荷耦合器件（CCD）、CMOS 图像传感器（自扫描光电二极管阵，SSPA）、电荷注入器件（CID）。

CCD 图像传感器是目前机器视觉中最为常用的。CCD 的突出特点是以电荷作为信号，而不同于其他器件是以电流或者电压为信号。典型的 CCD 相机由光学镜头、时序及同步信号发生器、垂直驱动器、模拟 / 数字信号处理电路组成。CMOS 图像传感器的开发最早出现在 20 世纪 70 年代初，90 年代后 CMOS 图像传感器得到迅速发展。CMOS 图像传感器以其良好的集成性、低功耗、高速传输和宽动态范围等特点在高分辨率和高速场合得到了广泛的应用。

3.2 机器人对传感器的要求与选择

在选择合适的传感器以满足特定的需要时，必须从多个方面考虑传感器的不同特性。这些特性决定了传感器的性能、经济性、简单性和适用范围。

1. 成本

传感器的成本是需要考虑的一个重要因素，特别是当一台机器需要多个传感器时。但是，成本必须与其他设计要求相平衡，例如可靠性、传感器数据的重要性、精度和寿命。

2. 尺寸

根据传感器的应用场合，尺寸有时可能是最重要的。例如，关节位移传感器必须适应关节设计，能够与机器人的其他部件一起移动，但关节周围的可用空间可能有限。此外，大型传感器可能会限制关节的运动范围。因此，确保为关节传感器留出足够的空间非常重要。

3. 重量

由于机器人是一个移动装置，传感器的重量非常重要。传感器过重会增加机械手的惯性，并降低总载荷。

4. 输出的类型（数字式或模拟式）

根据应用的不同，传感器的输出可以是数字量也可以是模拟量，它们可以直接使用，也可能必须对其进行转换后才能使用。例如，电位器的输出是模拟量，而编码器的输出则是数字量。

5. 接口

传感器必须能与其他设备相连接，如微处理器和控制器。倘若传感器与其他设备的接口不匹配或两者之间需要额外的电路，那么需要解决传感器与设备间的接口问题。

6. 分辨率

分辨率是传感器在测量范围内所能分辨的最小值。

7. 灵敏度

灵敏度是输出变化与输入变化的比。高灵敏度传感器的输出会由于输入波动（包括噪声）而产生较大的波动。

8. 线性度

线性度反映了输入变量与输出变量之间的关系。这意味着具有线性输出的传感器在其量程范围内，任意相同的输入变化将会产生相同的输出变化。几乎所有器件在本质上都具有一些非线性，只是非线性的程度不同。

9. 量程

量程是传感器能够产生的最大与最小输出之间的差值，或传感器正常工作时最大和最小输入之间的差值。

10. 响应时间

响应时间是传感器的输出达到总变化的某个百分比时所需要的时间，它通常用占总变化的百分比来表示，例如95%。响应时间也定义为当输入变化时，观察输出发生变化所用的时间。例如,简易水银温度计的响应时间长,而根据辐射热测温的数字温度计的响应时间短。

11. 频率响应

假如在一台性能很高的收音机上接上小而廉价的扬声器,虽然扬声器能够复原声音,但是音质会很差;而同时带有低音及高音的高品质扬声器系统在复原同样的信号时,会具有很好的音质。这是因为两喇叭扬声器系统的频率响应与小而廉价的扬声器大不相同。因为小扬声器的自然频率较高,所以它仅能复原较高频率的声音。

12. 可靠性

可靠性是系统正常运行次数与总运行次数之比。对于要求连续工作的情况,在考虑费用以及其他要求的同时,必须选择可靠且能长期持续工作的传感器。

13. 精度

精度定义为传感器的输出值与期望值的接近程度。对于给定输入,传感器有一个期望输出,而精度则与传感器的输出和该期望值密切相关。

14. 重复精度

对同样的输入,如果对传感器的输出进行多次测量,那么每次的输出都可能不一样。重复精度反映了传感器多次输出之间的变化程度。通常,如果进行足够次数的测量,那么就可以确定一个范围,它能包括所有在标称值周围的测量结果,那么这个范围就定义为重复精度。通常,重复精度比精度更重要。在多数情况下,不准确度是由系统误差导致的,因为它们可以预测和测量,所以可以进行修正和补偿。重复性误差通常是随机的,不容易补偿。

3.3　常用机器人内部传感器

机器人内部传感器指用来感知和检测机器人本身运动状态的传感器。这类传感器主要感知与机器人自身参数相关的内部信息,如速度、位移、加速度以及位置等,还可以监测机器人位置和角度等。常见的有速度传感器、加速度传感器、位置传感器等。

近年来,制造业市场竞争日趋激烈,企业面临人力成本高、原材料价格上涨、技术水平薄弱等困境,智能机器人产业也迎来新的发展趋势。机器人内部传感器是机器人的重要组成部分,直接决定机器人的使用效果。如今的工业机器人已具有类似人一样的肢体及感官功能,有一定程度的智能,动作程序灵活,在工作时可以不依赖人的操纵。而这一切都少不了传感器的功劳。传感器是机器人感知外界的重要帮手,它们犹如人类的感知器官,机器人的视觉、力觉、触觉、嗅觉、味觉等对外部环境的感知能力都是由传感器提供的。同时,传感器还可用来检测机器人自身的工作状态,让机器人实现尽可能高的灵敏度,从而完成生产任务。机器人传感器在机器人的控制中起了非常重要的作用,正因为有了传感器,机器人才具备了类似人类的知觉功能和反应能力。

在内部传感器中,位置传感器和速度传感器也称作伺服传感器,是当今机器人反馈控制中不可缺少的元器件。通过对位置速度数据进行一阶或二阶微分(或差分)得到速度、角速度或加速度、角加速度的数据，然后将它们代入运动方程式，这样的信号处理方法在机器人中被十分频繁地应用。高性能机器人常用其他一些信息处理设备和系统，如测量姿态角的陀螺仪、测量绝对位置的卫星定位系统等。它们也属于内部传感器，不过其刚刚崭露头角，在小型化和高精度方面还有不少改进的余地。

实际上，从传感器本身的用途来说，有些外部传感器也可以当作内部传感器使用，如力觉传感器，在测量操作对象或障碍物的反作用力时，它是外部传感器，如果把它用于末端执行器（end-effector）或手臂的自重补偿中，又可以认为它是内部传感器。

3.3.1 机器人的位置传感器

位置传感器是能够接收被测物传来的位置信息，然后将接收到的信息输出的传感器。位置传感器主要应用于机器人，在现代化的产业发展中发挥着至关重要的作用。

位置传感器在实际应用中有连续测量物位变化的连续式传感器和以点测为目的的开关式传感器两种。其中，开关式传感器的产品应用范围较广，可以用于过程自动控制的门限、溢流和空转防止等；连续测量式传感器主要用于需要连续控制的场合、仓库管理和多点报警系统中。

1. 浮子自动平衡式位置传感器

它是利用检测平衡状态下浮子浮力的变化来进行位置测量的。此外，它还可以配备微机，使其具有自检、自诊断和远传的功能，其优点是测量位置的范围宽、精度高。

2. 超声波位置传感器

它是一种非接触式位置的产品，对于一些不宜接触测量的场合是最好的选择。它是通过向被测物体表面发射超声波，被其反射后，传感器接收，通过时间和声速来计算其到物体表面的距离。超声波有一个特性，它的频率越低，随着距离的衰减越小，但是反射效率也小，所以需要根据距离、物体表面状况等因素来选择超声波传感器类型。高性能产品能分辨出哪些是信号波，哪些是噪声，而且还可以在高温和大风的情况下检测液位。

3. 电容式位置传感器

它由两个导体电极组成，通过电极间待测液位的变化导致静电容的变化来进行测量。它的敏感元件形状一般有棒状、线状和板状。它受压力、温度影响比较大，这由其材料决定。有些产品不仅可以测量液位，还可以检测自身敏感元件是否破损、绝缘性是否降低，还可以检测电缆和电路的故障等，并给出报警信号。

4. 压力式位置传感器

它通常为半导体膜盒结构，通过金属片承受液体压力，利用封入的硅油导压传递给半导体应变片进行物位的测量。该类产品应用越来越广泛，现在，已经涌现很多量程大、体积小、精度高和可靠性高的产品。

位置传感器的原理因为位置传感器类型不同而不同，以上是常见的位置传感器的原理。位置传感器越来越重要，其设计也会越来越复杂多样。位置传感器是现代科技高速发展的产物。

位置传感器是通过检测,确定是否到达某一个位置,它可以用一个开关量来表示。位置传感器可分为接触式和非接触式两种。

1)接触式传感器

接触式传感器的触头通过两个物体接触挤压而产生动作,常见的有行程开关、二维矩阵式位置传感器等。行程开关结构简单、动作可靠、价格低廉。当某个物体在运动过程中,碰到行程开关时,其内部触头会动作,从而完成控制。如在加工中心的 X、Y、Z 轴方向两端分别装有行程开关,则可以控制移动范围。二维矩阵式位置传感器安装于机械手掌内侧,用于检测自身与某个物体的接触位置。

2)非接触式传感器

接近开关是非接触式传感器的一种。接近开关是指当物体与其接近到设定距离时就可以发出"动作"信号的开关,它无须和物体直接接触。接近开关有很多种类,主要有电磁式、光电式、差动变压器式、电涡流式、电容式、干簧管、霍尔式等。接近开关在数控机床上的应用主要是刀架选刀控制、工作台行程控制、油缸及汽缸活塞行程控制等。

位置传感器是组成无刷直流电机系统的三大部分之一,也是区别于有刷直流电动机的主要标志。其作用是检测主转子在运动过程中的位置,将转子磁钢磁极的位置信号转换成电信号,为逻辑开关电路提供正确的换相信息,以控制它们的导通与截止,使电动机电枢绕组中的电流随着转子位置的变化按次序换向,形成气隙中步进式的旋转磁场,驱动永磁转子连续不断地旋转。

直流无刷电机需要位置传感器来测量转子的位置,电机控制器通过接受位置传感器信号来让逆变器换相与转子同步来驱动电机持续运转。尽管直流无刷电机也可以通过定子绕组产生的反感生电动势来检测转子的位置,而省去位置传感器,但是电机启动时,因转速太小,反感生电动势信号太小而无法检测。

可以用作直流无刷电机位置传感器的霍尔传感器芯片分为开关型和锁定型两种。对于电动自行车电机,这两种霍尔传感器芯片都可以用来精确测量转子磁钢的位置。用这两种霍尔传感器芯片制作的直流无刷电机的性能,包括电机的输出功率、效率和转矩等没有任何差别,并可以兼容相同的电机控制器。

位置传感器可以降低电机运行的噪声,提高电机的寿命与性能,同时达到降低耗能的效果。位置传感器的应用无疑给电机市场的发展提供了强大的推动力。

3.3.2　机器人的运动传感器

运动传感器,顾名思义就是能够探测人或物体运动的装置。在大多数应用中,这些传感器主要用于在特定"视界"区域内探测人的活动。作为一种能够将其感应到的运动转换为电信号的装置,该传感器要么发射刺激物并监控其反射回来的任何变化,要么获取运动物体本身发出的信号。某些运动传感器会在人或其他物体入侵而打破"正常(静止)"状态时报警,而其他的传感器还会在入侵之后恢复正常状态时报警。全世界的保安系统都无不依赖运动传感器来触发报警器或自动照明开关,这些运动传感器通常被置于相对容易进入建筑物的位置,如窗户和大门口。

运动传感器使用的技术各不相同。有的使用红外辐射;有的使用与雷达功能类似的声波脉冲,还有的基于振动的波动起伏。

运动传感器是检测设备或环境中的物理运动的设备。它能够实时检测和捕获物理和动力学运动。运动传感器也称为运动检测器。运动传感器是一种电子传感器。它通常嵌入在消费者端设备中,例如智能手机、智能电视、平板电脑、物理安全系统。

根据运动传感器的能力,它可以检测集成在其中的设备内的运动或周围环境。它通常与将动作处理为信息的系统或软件相关联。例如,在智能手机中,运动传感器主要用于从支持的游戏和其他应用程序中的用户获取输入。

3.4 常用机器人外部传感器

外部传感器指用以检测机器人感知自身所处环境(如离某物体的距离、位置等)状况的传感器。这类传感器主要是具有物体识别功能的传感器,例如力觉传感器、听觉传感器、距离传感器、接近觉传感器等。常用以测量机器人自身以外的物理信息,比如:障碍物的位置远近、障碍物的形状颜色和接触受力情况等。常见传感器主要有视听觉传感器、触力觉传感器、接近觉传感器、嗅味觉传感器和生物仿生传感器等。

为了检测作业对象及环境或机器人与它们的关系,在机器人上安装了触觉传感器、视觉传感器、力觉传感器、接近觉传感器和听觉传感器,大大改善了机器人工作状况,使其能够更充分地完成工作。由于外部传感器集多种学科于一身,有些方面还在探索之中。随着外部传感器的进一步完善,机器人的功能越来越强大,将在许多领域为人类作出更大贡献。

3.4.1 机器人触觉传感器

机器人的触觉广义上可获取的信息是:接触信息;狭小区域上的压力信息;分布压力信息;力和力矩信息;滑觉信息。这些信息分别用于触觉识别和触觉控制。从检测信息及等级考虑,触觉识别可分为点信息识别、平面信息识别和空间信息识别3种。

3.4.2 机器人接近觉传感器

接近觉传感器是一种能在近距离范围内获取执行器和对象物体之间空间相对关系信息的传感器。它的用途是为了确保安全,防止接近或碰撞,确认物体的存在或通过,测量物体的位置和姿态,检测物体的形状,进而用于作业规划和动作规划的生成、修正,躲避障碍物,避免碰撞等。初期的 Spraw lettes 机器人和后期的六足机器人可以依靠一只长而粗的触角进行墙的探测,以及近墙疾走。基于位置敏感探测器(PSD)的触须传感系统可以测量物体外形、物体表面纹理信息以及利用触须沿墙行走。北京航空航天大学利用二维 PSD 设计了一种新型的触须结构,可测量机器人本体与墙之间的夹角。通常,接近觉传感器安装的空间比较狭窄、有限,因此要求其体积小、质量轻、结构简单以及稳定和坚固。在设计和制造时，必须在充分理解检测基本原理的基础上，充分考虑周围环境条件及空间限制，选择适合目标的检测方法，以满足要求的性能。

1. 接触式传感器

接触式传感器用于定位或触觉，是检测物体是否存在的最可靠的一种方法。接触式传感器的输出信号有多种形式，如接触或不接触状态对应于开关的通断、对象物体与触点间有无电流产生、梁的弹性变形产生的应变片电阻的变化等。探针法利用探针与对象物体表面的接触作用甚至能检测出纳米数量级晶粒的高低不平度。但是，接触式传感器的使用范围会受到一定限制。例如，在分离状态下是无法实现检测的。另外，它有时会成为运动的障碍，甚至损坏物体表面。

2. 电磁传感器

如果钢铁等强磁性对象物体和气隙组成了磁路的一部分，那么用霍尔元件等器件测量磁场强度，或者测量由磁阻变化引起的线圈感抗的变化，就可以测量对象物体与磁路元件之间的距离。如果被测对象属于非磁性导电物体，那么在交变电磁场的作用下将会产生涡流，引起励磁线圈输入电流的变化，这同样可以测量距离。

3.4.3　测距仪

测距仪是一种测量长度或者距离的工具，同时可以和测角设备或模块结合测量出角度、面积等参数。测距仪的形式很多，通常是一个长形圆筒，由物镜、目镜、显示装置（可内置）、电池等部分组成。激光测距仪也可以发射多次激光脉冲，通过多普勒效应来确定物体是在远离还是在接近光源。

根据测距仪采用的调制对象可以分为光电测距仪、声波测距仪。

光电测距仪按照测距方法，又分为相位法测距仪和脉冲测距仪两种。

脉冲测距仪是利用向目标物体发射一束光，测定目标物将光反射回来的时间，从而计算出仪器与目标物的距离。由于激光具有良好的方向性、单一的波长，所以光电测距仪一般使用激光作为调制对象，所以脉冲式测距仪又俗称为激光测距仪。

利用脉冲法测距的激光测距仪可以达到较宽的测距量程，可以用于室内和室外测量，其典型的测距范围为 3.5 m 到 2 000 m，高量程的激光测距仪可以达到 5 000 m，军事用途的激光测距机可以达到更远的测程。由于具有测量远距离目标的能力，为了使测距目标直观地被使用者观察到，所以激光测距仪一般具有望远系统，又被称之为激光测距仪望远镜。

激光测距仪的精度主要取决于仪器计算激光发出到接收之间时间的计算准确度。根据所采用的技术和应用场合，激光测距仪可以分为精度 1 m 左右的常规激光测距仪（主要用于户外运动、狩猎等）和测绘、土地丈量、建筑、工程应用、军事等对精度要求较高场合的高精度型激光测距仪。

相位法测距仪是将激光的相位进行调制，通过测量反射回来的激光的相位差来获得距离的测距仪。由于需要对反射回来的激光相位进行检相，所以要求接收信号具有较高的强度。考虑到人眼的安全性，所以不能采用与脉冲式激光测距仪一样的望远系统，且量程较小，测距的典型量程是 0.5 mm 到 150 m，一般相位法激光测距仪采用 635 nm 的（视觉为红色）激光作为调试对象，又称红外测距仪。但其实激光并不是以颜色来定义的，而采用 635 nm 的激光测距仪如果对人眼直接照射，会造成不可逆的伤害，请读者正确使用和防护。

声波测距是利用声波的反射特性而进行测量的一种仪器，一般采用超声波作为调制对象，即超声波测距仪。超声波发射器向某一方向发射超声波，在发射同时开始计时。超声波在空气中传播，途中碰到障碍物就立即返回来，超声波接收器收到反射波就立即中断，停止计时。通过不断检测产生波发射后遇到障碍物所反射的回波，从而测出发射超声波和接收到回波的时间差 T，然后求出距离 L。

由于超声波在空气中传播的速度受温度、湿度、气压等影响较大，所以测量误差较大。且由于超声波波长较长，导致传播距离较短，所以一般的超声波测距仪测量距离比较短，测量精度比较低。但利用超声波呈扇面传播的特点，其探测范围较光电测距仪大，在实际工程中被广泛地应用于安全防护、线缆高度测量、障碍物检测等领域。

3.4.4 机器人力觉传感器

力觉就是“机器人对力的感觉”。所谓力觉传感器（force sensor）就是测量作用在机器人上的外力和外力矩的传感器。在力觉传感器中，不仅有测量三轴力的传感器，而且还有测量绕三轴的力矩（转矩）的传感器。后者叫作六轴力觉传感器或力 - 力矩（转矩）传感器。

在机器人工程领域，说到“力”这个名词，狭义地就是指力与力矩的总称。在这里，只要没有预先声明是一轴力觉传感器，那么力都是指力与力矩构成的六维向量。

力测量的基本原理如下。

1. 应变仪

应变仪也叫作变形仪，是测量外力作用下变形材料的变形量的传感器。

金属体的电阻 R（Ω）与其长度 L（m）成正比，与其截面面积 S（m^2）成反比。因此，若取金属体的电阻率为 ρ（Ω·m），则有

$$R=\frac{\rho L}{S} \tag{3.1}$$

当该金属体受到沿长度方向的张力，伸长 ΔL 时，它的应变量是

$$\varepsilon=\frac{\Delta L}{L} \tag{3.2}$$

这时直径 d 缩小 Δd，截面面积缩小 ΔS。于是，长度方向的应变与直径方向的应变之比为 $\frac{\Delta L/L}{\Delta d/d}$。这个比叫作泊松比。根据以上分析就可以求出应变引起的电阻变化，近似为

$$\frac{\Delta R}{R}=k\varepsilon \tag{3.3}$$

式中 k 是取决于金属的材料、形状、泊松比的常数，也叫作应变仪的灵敏度。

应变片是一种固定在底板上的细电阻丝，根据所用材料的不同，它可以分为以下几种：

（1）电阻丝应变仪（采用电阻细线）。

（2）铂应变仪（采用金属铂）。

（3）半导体应变仪（采用压电半导体）。

应变仪片能测量一个方向的应变，不过也可以做成多种模式来测量二轴或三轴方向的应变。

应变片的电阻变化可以根据如图 3.1 所示的桥式电路，从电压的变化中测量出来。

$$E_0=\left(\frac{1}{2}-\frac{R}{2R+\Delta R}\right)E_i\approx\frac{1}{4}\frac{\Delta R}{R}E_i \tag{3.4}$$

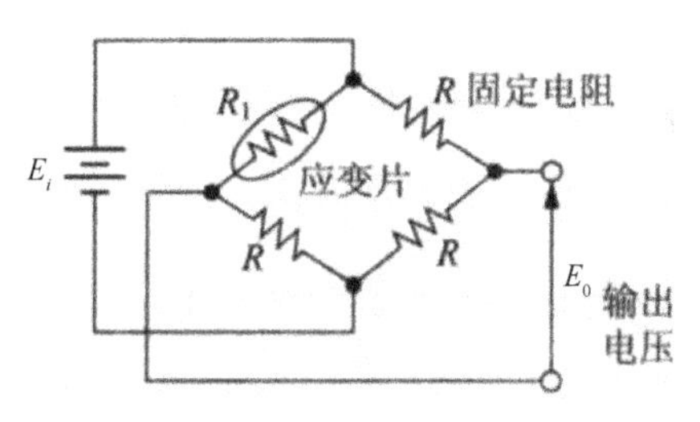

图 3.1　基本桥式电路

2. 测力传感器

测力传感器属于一种精密负荷变换器，是测量压缩或拉伸的最基本的检测器。其测量原理是在施加外力后出现应变的承载体（一般为圆柱或方形）上粘贴应变片，由应变求出作用力的大小。

3. 半导体压力传感器

半导体压力传感器就是将半导体硅片蚀刻，使其变薄，加工成易变形的隔膜，再在其上制作半导体应变片，使其达到能检测压力的目的。这个压力传感器除了测量气体和液体压力之外，还可以用于分布型触觉传感器或微小力觉的检测。

3.4.5　机器人视觉传感器

视觉传感器是指利用光学元件和成像装置获取外部环境图像信息的仪器，通常用图像分辨率来描述视觉传感器的性能。视觉传感器在机器人上主要应用于方向定位、避障、目标跟踪等。一般而言，视觉传感器是极为特殊的一种非接触式装置，其主要用于对被测物体进行物理信号的检测，且可以根据相应的规律，把这个信号直接向电信号，或者是所需的其他形式转变，然后就可以输出了。这类视觉传感器所发挥的作用其实跟人类的眼睛是差不多的，既可以分辨出不同类别的材料，也可以分辨其颜色，这对于提高工作的效率与精确性都有很大的保障。

视觉传感器具有从一整幅图像捕获光线的数以千计的像素的能力。图像的清晰和细腻程度通常用分辨率来衡量，以像素数量表示。Banner 工程公司提供的部分视觉传感器能够捕获 130 万像素。因此，无论距离目标数米或数厘米远，传感器都能“看到”十分细腻的目标图像。

在捕获图像之后，视觉传感器将其与内存中存储的基准图像进行比较，以作出分析。例如，若视觉传感器被设定为辨别正确地插有 8 颗螺栓的机器部件，则传感器知道应该拒收只有 7 颗螺栓的部件，或者螺栓未对准的部件。此外，无论该机器部件位于视场中的哪个位置，无论该部件是否在 360° 范围内旋转，视觉传感器都能作出判断。

视觉传感器在机电一体化系统中的作用有：确定对象物的位置和姿态，图像识别，确定对象物的特征（识别符号、读出文字、识别物体）、形状，尺寸检验，检查零件形状和尺寸方面的缺陷。

视觉信息的输入方法及输入信息的性质，对于决定随后的处理方式及识别结果有重要的作用。视觉识别系统通常将来自摄像器件的图像信号变换为计算机易于处理的数字图像输入，然后进行前处理，识别对象物，并且抽取所需的空间信息。

视觉传感器（景物和距离传感器）主要包括：黑白或彩色摄像机、CCD 传感器、激光雷达、超声波传感器和半导体位置检测器件等。

目前，彩色摄像机虽然已经很普遍，价钱也不太贵，但是在工业视觉系统中却还常采用黑白电视摄像机，主要原因是系统只需要具有一定灰度的图像，经过处理后变成二值图像，再进行匹配和识别。它的好处是处理数据量小，处理速度快。

长期以来，一直使用摄像管式摄像机。自从 1963 年发明半导体摄像器件以及 1969 年发明 CCD 以来，随着半导体工艺技术的进步，这些器件已经进入了真正的实用时期。半导体摄像器件的特点是各像素有正确的地址，电压和功率低，便于小型化，没有残像。现在已有 30 万个像素以上的实用化 NTSC 制式摄像机器件。代表性的半导体摄像器件有 CCD 型和 CMOS 型。CCD 型器件中，隔行扫描方式（IT）和帧传送方式（FT）都已实用化。

半导体位置检测器件因不具备扫描功能，无法得到图像的灰度信息，半导体位置检测器可用于获得发光体目标的位置信息。当有入射光时，成对配置的 X 轴电极和 Y 轴电极通过的电流与光源到电极的距离成反比，检测出电流值并进行运算，就能测得二维入射位置。半导体位置检测器件也用于聚光束扫描、输入距离信息的场合。

A/D 转换器是将图像的模拟信号经过量化后得到数字图像信号的装置。图像的灰度一般采用 8 位，采样频率超过高质量电视采样频率 74 MHz 的 A/D 转换器已实用化。通常的 DRAM 因存取时间过长不适于作图像存储器，广泛采用的图像存储器在输入侧和输出侧都设置有高速串行输入输出端口。已有 1 Mbit 容量的实用化芯片，因此用两个芯片就可以存储 $512 \times 512 \times 8$ 位的图像信息。

视觉信息的处理可以划分为 6 个主要部分：感觉、处理、分割、描述、识别、解释。根据上述过程所涉及的方法和技术的复杂性将它们归类，可分为 3 个处理层次：低层视觉处理、中层视觉处理和高层视觉处理。

视觉传感器是整个机器视觉系统信息的直接来源，主要由一个或者两个图形传感器组成，有时还要配以光投射器及其他辅助设备。视觉传感器的主要功能是获取足够的机器视觉系统要处理的最原始图像。

图像传感器可以使用激光扫描器、线阵和面阵 CCD 摄像机或者 TV 摄像机，也可以是最新出现的数字摄像机等。

视觉传感器的低成本和易用性已吸引机器设计师和工艺工程师将其集成入各类应用。

视觉传感器的工业应用包括检验、计量、测量、定向、瑕疵检测和分拣。以下是一些应用范例。

在汽车组装厂,检验由机器人涂抹到车门边框的胶珠是否连续,是否有正确的宽度。在瓶装厂,校验瓶盖是否正确密封、装灌液位是否正确,以及在封盖之前没有异物掉入瓶中。

在包装生产线,确保在正确的位置粘贴正确的包装标签。

在药品包装生产线,检验阿司匹林药片的泡罩式包装中是否有破损或缺失的药片。

在金属冲压公司,以每分钟逾150片的速度检验冲压部件,比人工检验快13倍以上。

在工业机器人系统中集成了视觉系统,特别是3D视觉系统,能更好地提高工业机器人的精度、速度及可靠性,解决了工业机器人在复杂视觉识别环境下难以高速工作的难题,让工业机器人在任务中越来越自动化,使其固有能力发挥到了极致。

3.4.6　定位传感器

定位就是确定移动物体在坐标系中的位置及本身的姿态。定位技术可以分为绝对定位技术和相对定位技术,相应的传感器也分为绝对定位传感器和相对定位传感器。

相对定位技术包括测距法和惯导法。测距法采用随时间累积路程增量的原理,因此具有良好的时间精度、低廉的价格、较高的采样速率。惯导法包括陀螺仪和加速度计,使用测量值的一次积分,计算相对于起始位置的偏移量。

绝对定位技术目前仍处于研究阶段,比较成熟的技术包括全球定位系统、活动目标法和路标导航法。同时,绝对偏转角的测量也应用于移动体的姿态控制,采用地球磁场作为参照坐标,确定移动载体的姿态。采用的传感器主要是感应式磁通量罗盘,其分辨率能达到±1%。

相对定位传感器也有部分缺点,主要是累积误差,特别是长时间的运行或长距离的运行会使累积误差超出设定要求,因此必须对其进行不断的修正。这种修正只能由绝对定位传感器完成。另一方面,绝对定位技术的定位算法如路标识别、地图匹配等通常都比较复杂费时。为了减少计算机的负荷,增加定位算法的实时性,只有在标识附近才启动定位算法,而在绝对标识之间的运行路程由相对定位传感器测量。

3.5　多传感器信息融合

在众多机器人控制技术中,传感器技术在机器人的控制中起到了至关重要的作用。传感器及信息融合技术式机器人能够全面获取外界信息,并对这些信息加以分析判断,从而作出正确的反应。机器人在感知外界环境时,首先要完成信息采集工作,而这项工作正是由传感器完成的。另外,传感器采集到的信息量非常巨大,因此,要对多个传感器获取的各种环境信息进行加工和处理,选择恰当的方法和技术,才能使机器人按人们既定的要求进行智能作业,甚至完成人类不能完成的一些特殊任务。综上所述,传感器信息融合系统是现代智能机器人的重要组成部分,是机器人能否进行智能作业的关键所在。

传感器先完成信息采集，再将信息进行综合处理，计算机自动控制系统最后完成对机器人各种动作的控制。传感器信息融合技术又称数据融合技术。传感器要像人类的神经和感官一样获取各种宏观和微观信息，再将信息提供给计算机控制系统。信息融合技术将获取的信息先做处理，再选择合理的表示方法，并要找出各个信息之间的联系。这种技术是一种信息优化技术，它从不同角度对信息进行处理及比较，获取不同信息之间的普遍规律，筛选出错误的和多余的信息，留下正确的和有用的部分，这就是信息的优化。它也为智能信息处理研究指出了新的发展方向。单一传感器获取的环境信息缺乏准确性和全面性，因此，信息的采集必须由多个传感器合作完成。将多种传感器获取的信息进行合成，才能完整、准确、客观地刻画外界环境的特点，也是多种信息综合前的预处理。通过信息融合技术处理后的信息具备了冗余性、互补性、实时性、信息获取低成本性等特征。

多传感融合系统是一个复杂的信息系统。各类传感器获取的信息都有各自的特点。这些信息有实时信号、非实时信号，快变或瞬变信号、缓慢变化的信号，确定的信号、模糊变化的信号。这些信息之间还有可能会相互制约，相互影响。多传感器信息融合扮演了人类大脑的角色，它使用该系统中的各种传感器资源，通过一定的算法合理地支配与使用多个传感器获取的信息。对时域和空间上的冗余信息和互补信息优化组合之后，也就完成了环境信息更为精确、全面的提取和描述。信息融合是对多种传感器信息在几个层次上进行处理的过程，每个层次都代表了不同等级的信息抽象过程。信息融合处理技术涵盖了信号探测、信号互联、信号相关、信号估计等。

由于传感器信息在融合过程中将以不同形式表现出来，从而增加了多传感器信息融合的复杂性和多样性，因此多传感器信息融合的研究必须涉及许多基础理论领域。常用的多传感器信息融合方法如下所示。

1. 贝叶斯估计

贝叶斯估计是通过最大似然估计函数，剔除传感器中无用和偏差大的观测数据，然后进行融合。

2. 模糊理论

通过模糊集合和模糊隶属度，将传感器信息中的不确定性转换到 0-1 上来，适用于系统不确定性建模，并且模糊理论常常和神经网络相结合。但模糊理论的缺点在于会损失系统的精度。

3.D-S 证据推理

D-S 证据推理是不确定推理方法的一种，首先得到各个传感器的信任函数，之后通过 D-S 组合原则对这些数据进行融合，并据此来判断目标特征和决策，D-S 证据推理很好地结合了主观不确定信息。

4. 卡尔曼滤波理论

卡尔曼滤波理论是一种递推式的最优估计理论，其建立测量和估计方程来实现递推式计算。一般卡尔曼滤波用在数据融合的较低层面上，直接对传感器信号进行处理，以有效去除干扰信息。

5. 神经网络理论

神经网络理论是当前应用十分广泛和流行的理论，其通过建立仿人类神经结构的网络，实现数据的非线性映射能力，尤其在融合系统没有函数模型的情况下，其通过测试数据的大量训练得到网络结构和映射关系，并具有良好的自适应性，十分适合复杂多传感器数据融合的场景。

第4章　管廊机器人检测技术

综合管廊作为一种混凝土基础设施，造价昂贵，它的结构病害主要包括裂纹、渗漏水、衬砌裂损、衬砌腐蚀等，其中渗漏水的问题较为严重和突出，且其结构性能会随使用时间的发展而下降。因此，需要采用周期性检查与评估、监测、维修加固等综合手段及早发现、预防和处理结构的各种病害，以保证城市综合管廊结构能有效达到使用年限，产生最大的经济效益。采用机器人巡检的目的就是辅助或替代传统的人工检查，弥补静态监测方法的不足，及早发现综合管廊的缺陷和异常情况。

4.1　管道泄漏检测技术

管道是现代油气等资源输送的一种重要运输方式，随着现代社会对能源需求的快速增长，极大地促进了管道建设的发展。管道运输具有密闭性好、自动化程度高等特点，其安全性优于铁路、公路、船舶运输等方式。但由于储运的介质是原油、轻油、液化气等易燃、易爆、易挥发和易于静电聚集的流体，有时还含有毒物质，一旦管道发生事故，泄漏的油气极易起火、爆炸，造成人员伤亡及财产损失。油品大量泄漏还会污染水源、土壤，对公众健康及环境造成长期的不良影响。因此，对于管道的泄漏检测必不可少。随着传感技术、数据存储技术、通信技术以及计算机技术的不断发展和进步，管道泄漏的检测也从人工巡检发展到了人工智能检测。现代管道泄漏检测技术主要通过传感器检测管道泄漏，利用通信技术将转换后的标准信号传输到监控服务中心并存储到计算机中，最后通过分析、处理这些数据来判断管道是否发生泄漏。

建立管道泄漏监测系统并及时准确监测泄漏事故发生的地点及估计泄漏程度，可以最大限度地减少经济损失和环境污染，因而要求管道泄漏监测系统应具有下列基本特性。

（1）泄漏检测的灵敏性——能够检测出管道泄漏的范围，主要是多小的泄漏量能够发出正确的报警指示。

（2）泄漏检测的实时性——管道从泄漏开始到系统检测到泄漏的时间要短，以便管理人员立刻采取行动，减少损失。

（3）泄漏检测的准确性——当管道发生泄漏后，监测系统能够准确地检测出泄漏的发生。监测系统的误报警率较低、可靠性高。

（4）泄漏定位的准确性——当管道发生泄漏时，监测系统提供给管理人员泄漏点的位置与实际的泄漏点位置之间的误差要小。

（5）监测系统的易维护性——当系统发生故障时，系统装置应调整容易、维护快速。

（6）监测系统的易适应性——监测系统能够适应不同的管道环境、不同的输送介质，即系统应具有通用性。

（7）监测系统的性价比高——监测系统所提供的性能与系统建设、运行及维护的花费比值高。

管道泄漏检测的复杂性，比如管道输送介质的多样性、管道所处环境的多样性以及泄漏形式的多样性等，使得目前还没有一种通用的方法能够完全满足各种不同管道泄漏检测的要求。因此，可以根据不同管道泄漏检测的实际情况，选择几种检测方法联合使用，有的作为主要检测手段，有的作为辅助检测手段，互相弥补不足，则可以取得良好的检测效果。目前常见的检测技术主要有以下几种。

（1）观察法。该方法是由经验丰富的管道工作人员直接开展管道泄漏检查，工作费时费力、检测周期长，且检测人员的工作经验会极大地影响检测精度，而且无法及时发现泄漏和检测微小泄漏。

（2）电缆法。该方法是在管道的外壁上裹一层能够与管道运输气体成分发生化学反应的物质，根据物质呈现的不同状态，来进行管道泄漏的检测。由于该物质铺设在管道外壁上，容易受到外界环境的影响，检测精度不高，并且铺设化学物质的工程耗资较大。

（3）气体传感器法。根据管道运输的气体的化学成分选择合适的传感器，将传感器安装在管道上，将传感器采集到的数据上传至计算机，通过计算机处理最终判断出管道泄漏情况。

（4）基于负压波的管道泄漏检测法。管道泄漏时，由于管内气体的流出，管道内压力迅速减小，泄漏点附近的流体由于压力差的作用快速向泄漏点补充，此过程为负压波的产生。先将压力波检测装置布置在燃气管道的两端（即管道的上下游），接着根据上下游采集应力波的时间差进行泄漏检测与定位。定位原理是：$x=\frac{1}{2}\left[s+v\left(t_2-t_1\right)\right]$。$x$ 表示泄漏点离管道首端的距离，s 表示的是管道的总长，v 是指负压波在管道中传播的速度，t_1 表示负压波传播到管道首端的时间，t_2 表示负压波传播到管道尾端的时间。该方法虽然能够定位管道泄漏位置，但也只能对长直管道的泄漏点进行定位，并且受到外界环境噪声的影响，定位精度受到限制。

（5）基于声波的管道泄漏检测法。目前对燃气管道泄漏的检测还是通过单一的气体浓度检测技术，而该技术响应时间慢，并且无法做到泄漏点精准定位。因此需要一种对管道泄漏点可以及时检测并精准定位的检测方法。当天然气管道发生泄漏时，气体喷出摩擦管壁、穿过漏点时形成的涡流产生声波，特别是在窄孔泄漏过程中，气体在横截面上流速的差异产生涡流而形成强烈的声波信号，声波信号会沿着管道内的气体向管道上下游传播，泄漏声波频谱与介质种类、压力、漏孔大小、管材等因素有密切关系。在音波传播过程中，声波信号的高频成分迅速衰减，只有低频成分（即次声波）可传播较远的距离。在管道两端安装的次声波传感器就会捕捉到次声波信号，信号处理分析系统在对采集到的次声波信号进行降噪、特征提取、模式识别等分析，判断管道是否发生泄漏。根据次声波传感器接收到次声波信号的时间差及次声波在管道内气体介质的传播速度就可计算出泄漏点的位置。

在利用管廊机器人对管道泄漏进行检测时，由于检测装置位于机器人检测系统，随机器人共同移动,故在选择检测技术时应选择装置可移动的方法。以下基于声波的管道泄漏检测技术方法可较好地满足检测要求。

该方法是将由 MEMS 声传感器组成的阵列沿管壁外侧移动,若有管道泄漏,则在泄漏点会使得管壁发生振动,通过声音传感器检测振动所产生的声音信号,并利用 XsAudioLab 软件对所采集的声音信号进行分析,判断管道是否发生泄漏,若有泄漏,对泄漏点进行定位。软件在阵列模式下,对运行环境配置完成后即可开始声音采集及分析。通过外部连接的硬件设备,可实时将音频信号传到软件进行分析,以图 4.1 中,从上到下依次为:时域谱、频域谱、时频域谱。

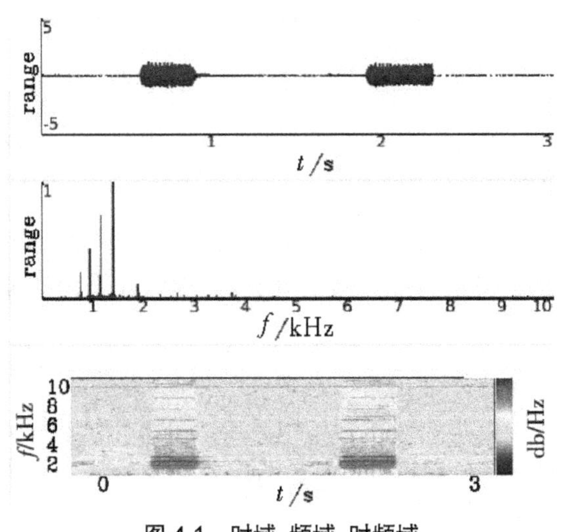

图 4.1 时域、频域、时频域

时域谱:为实时采集的音频信号波形,如果接入多通道硬件设备,只取第一通道进行画图,如图所示横坐标为时间,纵坐标为声音的幅值。

频域谱:对实时采集的一帧时域信号进行 FFT 运算,变换到频域下的谱图。硬件设备的采样率 20 kHz 对应的频率分辨率约为 10 Hz,如图所示横坐标为频点,纵坐标为声音的幅值。

时频域谱:是对音频信号进行连续的短时傅里叶变化,计算出一组以时间为横坐标,频点为纵坐标,数值为幅值的三维数据,如图所示。幅值的大小用从蓝到红的颜色进行区分,纵观整张图可见明暗相间的纹路,这就是声纹。

XsAudioLab 软件在阵列模式下可以实现声源定向功能。图 4.2 中,左侧为待检测的目标声源配置区,拖动对应的滑块可以进行目标声源起止频率、谱峰个数的调整,也可直接输入数值;右侧为定向指示区,当确定目标声源方向时,对应角度的圆圈就会被填充蓝色以指示目标方向角。

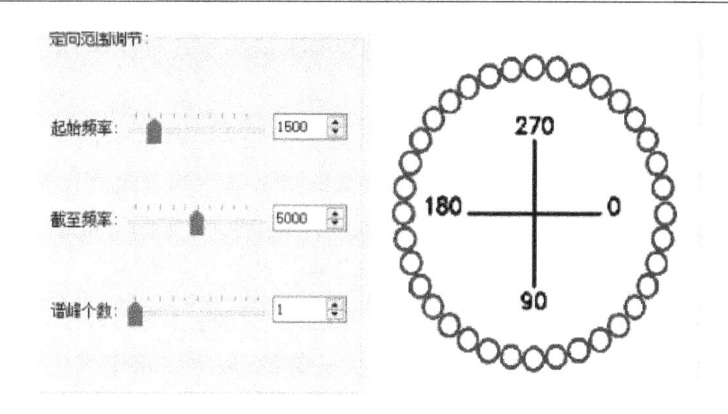

图 4.2　声源定向功能

该软件支持从声音的分贝和主频的角度进行报警识别，报警音单选框勾选后，当有目标声音出现时，电脑会发出报警声音，报警功能区如图 4.3 所示。

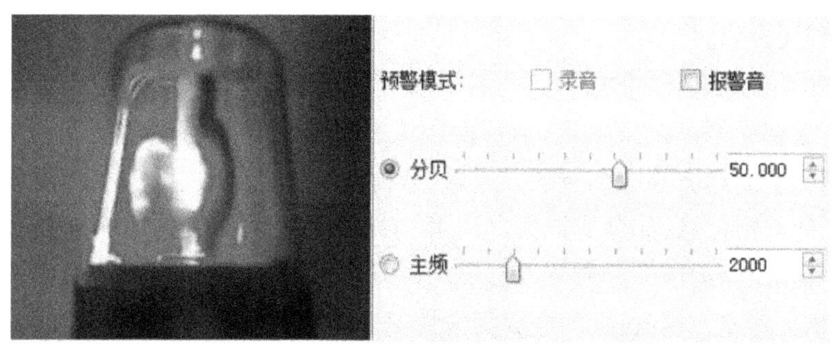

图 4.3　报警功能区

4.2　管道腐蚀检测技术

在管道建成并投入使用后，管道内不可避免地存在诸多破坏性因素，例如腐蚀性物质、电化学反应、管材应力等，这些因素会引起管壁材质的腐蚀。随着管道服役年限的增长，这些腐蚀效应造成壁厚减薄和裂纹，致使管道的强度显著降低，缩短管道的使用寿命，进而导致管道事故的发生，给人们的生命和财产安全造成巨大的威胁。因此对管道的腐蚀情况进行监测，及时发现并消除潜在的隐患，避免因管壁破损造成的环境污染和经济损失是至关重要的。目前常见的管道腐蚀检测技术主要有以下几种。

①现场调查法：该方法是一种简单的管道腐蚀检测方法，通过借助一些工具对管道的关键、典型的部位进行探测，从而得出管道受腐蚀的情况。在必要情况下，可通过对管道某一部位进行采样，利用电子光学显微镜或者金相分析等方法，对管道腐蚀情况进行观察。该方法对管道具有破坏性，且耗时耗力，不适用于长输管道的腐蚀检测。

②试件失重法：将与待测管道相同材质的金属样品挂入待测管道中，预先记录好该试件的重量，在一定的时间后（如 3~6 个月）对该样品称重，根据时间周期、失重质量、样品表面

积等参数计算管道的平均腐蚀速率。该方法操作简单适用于各种介质,但是检测周期长,不能及时反映管道的腐蚀状况。

③电阻探针(ER)法:该方法是一种以测量金属损耗为基础的检测方法,将电阻探针腐蚀仪的探针插入管道中,经过一段时间后,检测探针受腐蚀后的电阻变化情况可计算出介质中金属的腐蚀速率。该方法的优点是应用范围广,适用性强,实用性能高,并且所得数据可靠稳定。缺点是探针使用寿命短,获取数据耗时较长,不能在线检测。

④漏磁通检测法:当管道未受到腐蚀时,管道的磁力线将会均匀分布。当管道受到腐蚀或产生缺陷时,腐蚀或缺陷附近的磁导率将会大大降低,磁力线将会发生扭曲变形,并且一部分磁通将会泄漏出管道表面。通过检测管道表面的漏磁通就可以检测管道的腐蚀情况。该方法适用于铁磁性中小型管道腐蚀的测量,但该方法对外界环境较敏感,易产生误差。

⑤激光检测法:当管道受到腐蚀时,管道内部缺陷周围会产生位置差,使用激光全息技术对管道进行分析计算,并与正常的管道比较,就可以确定管道的腐蚀情况。该方法具有检测精度高、适用范围广和准确度高等特点。但检测步骤较为复杂,而且需要在暗室进行操作,不适用于现场检测。

⑥ NOPIG(非开挖地面检测)技术:NOPIG 技术的基本原理是在需要测试的埋地管道的两端加载包含多个频率的交流电,然后使用传感器收集沿管道的管道周围的全向磁场信息。根据管道壁上的趋肤效应和杂散磁通量,分析磁场信息,通过比较不同频率的磁场分量判断埋地管道的异常信息,如金属损失。利用 NOPIG 技术对油气管道的检测时不需要进行清管处理,其对管道内运输的介质并没有要求。但是 NOPIG 技术并不适用于螺旋状接管管道,且其检测精度较差,只有较大的金属损失情况才能被检测出来。

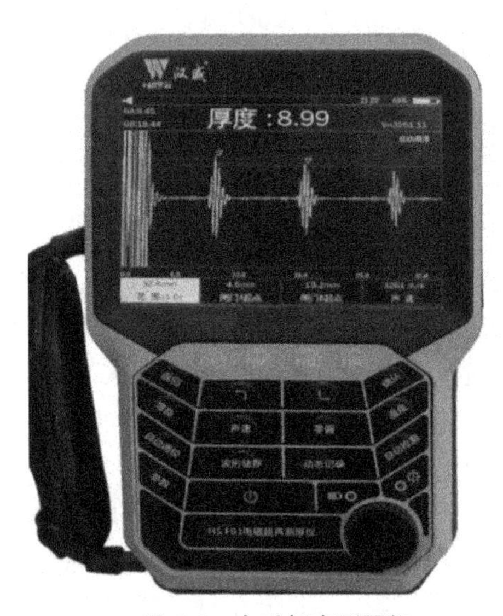

图 4.4 电磁超声测厚仪

⑦电磁超声测厚仪法:在管道发生腐蚀的位置会因腐蚀出现管壁减薄的情况,已知正常管壁厚度,通过测厚仪检测实际管道壁厚来判断管道是否存在腐蚀缺陷。以上是一种常用

的电磁超声测厚仪，如图4.4所示。在仪器测厚模式下，输入声速，输入起点，输入终点，调节零偏，点击确定即可计算材料厚度，如4.5所示。

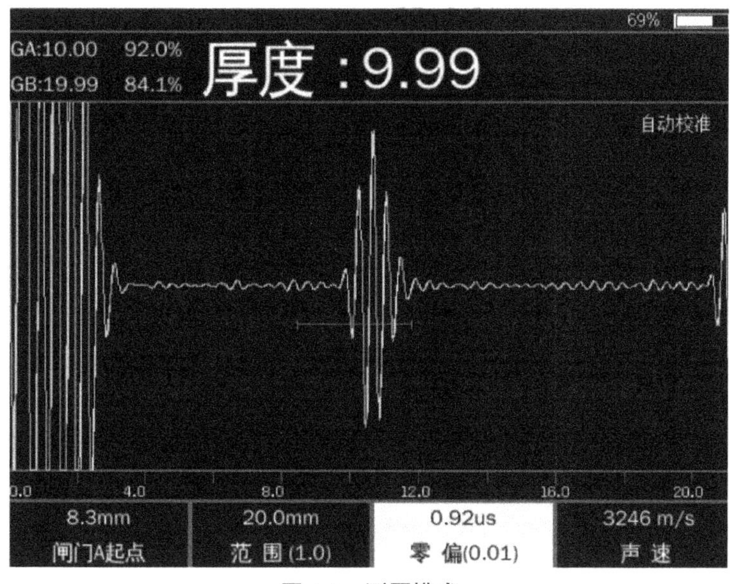

图4.5　测厚模式

4.3　管道缺陷检测技术

目前，对于管道缺陷的无损检测技术种类繁多，根据检测方法的不同原理大致分为以下几类。

①涡流检测技术(Eddy Current Testing, ECT)该技术是利用感应线圈置于金属板上面或者利用穿过式线圈穿过管道，利用交变电磁场在金属性材料表面形成涡电流，涡电流经过缺陷位置会发生改变，引起周围磁场发生改变，通过线圈内部的阻抗变化可测得缺陷信息。涡流激励探头可采用内穿式线圈、外穿式线圈和探头式激励线圈。内穿式激励线圈可对管道内部缺陷，特别是腐蚀凹坑等裂纹进行检测。外穿式线圈通过激励线圈在管道表面形成涡流场，涡流场经过缺陷位置可引起空间磁场变化，拾取相应的信号变化，便可知道缺陷的信息。涡流检测对表面缺陷检测应用范围广，灵敏度较高，自动检测效果好，在实际的工业生产中，较适于管道的内检测。涡流检测也存在一些不足之处：它仅适用于导电材料，检测效果易受被测管件几何形状的影响，探头的提离效应、电导率、磁导率等对结果影响很大。受到集肤效应影响，常规涡流只能探测管道表面和近表面缺陷。远场涡流技术采用低频激励信号，在低频激励条件下，距离激励线圈一定距离的区域会出现远场涡流现象，这种涡流现象与常规涡流现象有所不同。激励线圈产生的部分磁场能量会两次穿过管壁并携带内外管壁信息到达接收线圈，所以远场涡流检测技术在检测管壁缺陷时，对内外管壁上的腐蚀缺陷拥有一致的检测灵敏度，不会受到集肤效应的限制。同时，此项技术受探头提离变化的影响很小。远场涡流探头在管内开展作业任务时，如果发生探头偏心的情况，检测信号也不会

受到太大影响。不过远场涡流检测技术也有其缺点所在，比如探头较长不易在管内移动，检测频率低不能实现管道缺陷的快速检测，探头接收到的缺陷信号很微弱，对信号处理电路部分要求较高等。

②射线检测（Radiographic Testing）技术，该技术利用的是射线照相的原理。射线具有穿透功能，对检测管道进行穿透式拍照，从而对管道进行是否存在缺陷的检测。射线穿过管道，作用于照相底片或者荧光屏，基于有无缺陷对射线的吸收能力不同，可以对底片或者荧光屏上呈现出来的图像进行分析。没有缺陷的部位对于射线的吸收能力与有缺陷部位的吸收能力不同，所以透过材料射线强度的差异可以用来判断有无缺陷。射线检测得到的结果可以直观显示，而且可以永久保留，检测技术也比较简单，检测时的作用面比较宽，但是射线具有辐射，可能会带来环境污染，长期接触射线也会对人体产生伤害，且射线检测技术在对拍摄的胶片结果进行处理时，工序复杂，影响检测效率。

③渗透检测（Penetration Testing）技术该技术的原理是利用毛细管现象，渗透液渗入工件表面开口缺陷，清洗掉表面上多余的渗透剂，缺陷中的渗透剂得以保留，再利用显像剂的毛细管作用吸附出缺陷中的余留渗透剂，完成缺陷的检测。渗透探伤只适合表面缺陷检测，不适合管道内外壁缺陷同时检测，而且不能实现管内自动化探伤。

④热像显示（Thermography Display）技术，即红外热成像检测技术。从理论上来讲，只要温度高于绝对零度的任何物体，都会向外发出一种波，即红外热波。缺陷不存在时，物体发出的红外辐射的强度和热场都是固定的，但若在内部存在缺陷时，物体表面的热力场就会发生变化，被测物表面的温度使用热像仪来采集，而温度信号也会有相应的变化，这些变化对应相应的物理模型可以进行数据处理，即可对缺陷进行分析。

⑤超声波检测（Ultrasonic Testing）技术，该技术是利用超声波可以在管道表面进行反射的原理，对管道的缺陷进行检测的。超声波信号发出后，探头接收管件反射波的顺序是先接收内壁反射波，然后接收外壁反射波。正常情况下信号往返时间一般是确定的，此时没有缺陷；而有缺陷时，测量信号往返的时间差可以根据探头和管壁内表面的距离与管壁厚度进行，将时间转化成距表面的距离，并且通过距离和壁厚两条变化曲线可以测定缺陷的位置。超声波检测精度高，缺陷定位准确，而且检测范围比较广，成本低廉，优势很明显。但是它的检测过程相对来说比较复杂，对检测的环境要求较高，容易受到杂质、耦合剂和噪声等因素的干扰。

⑥漏磁检测技术，材料在被磁化后，如果其表面和近表面没有缺陷，磁力线在材料内通过时，几乎没有磁力线外泄，大部分磁力线将被约束在材料内部并且分布均匀。但是如果管道存在缺陷，缺陷处磁阻很大，这将导致管道内磁场的磁力线发生畸变，出现磁力线泄漏的现象，而这种磁力线泄漏在管道的表面会形成一种新的磁场现象，这种磁场也因此称为漏磁场。这种漏磁场可以通过相应的磁敏元件进行检测，两者发生响应，就会引起相应的电信号发生变化。通过对电信号处理分析，可实现对管道是否发生缺陷进行检测。

漏磁检测技术检测流程和操作方法简单，且智能化程度高，不需要过多的人工参与，适合用于各种复杂环境下的管道缺陷的在线检测。

4.4 管道气体检测技术

城市综合管廊是各种通信、燃气、热力、电力、给排水等城市管线的集中管理场所，属于一个典型的管廊空间，在其运营过程中长期处于封闭状态，其内部环境容易受到影响。例如天然气管线阀门安装处易产生 CH_4 气体，污水管线的阀门安装处易产生 H_2S 和 CO 气体；人员与微生物的活动会降低管廊内 O_2 的含量。这样的环境会严重影响管廊的正常运营和维护人员的安全，因此需要对管廊气体进行检测。考虑到管廊内部的气体具有实时多变的特点，采用传统的人工巡检管理模式已无法满足需求。为此，应在管廊机器人上安装相应的气体检测设备，对管廊内部的气体进行实时检测。

综合管廊内部气体的检测都是通过传感器来完成的，主要检测的气体参数包括 O_2 浓度、CO 浓度、CH_4 浓度、H_2S 浓度。

在密室环境中，氧气浓度在 19.5% 到 23% 之间是属于正常的氧气浓度，当氧气浓度低于 19.5% 或者高于 23% 时，将会危害到人体的健康，所以在选择氧气传感器时，其量程上限须高于 23%。以下为一种可用于管廊机器人的气体检测系统的 JXM-O_2 传感器规格及参数，如表 4.1 所示。

表 4.1 JXM-O_2 传感器规格及参数

型号	JXM-O_2
检测气体	氧气（O_2）
量程	0~30%（默认）
分辨率	0.1%
检测原理	电化学
响应时间	T_{90}≤15 s
精度	≤读数的 ±3%（25 ℃）
工作电压	5 V
输出信号	TTL 模拟电压
预期寿命	1 年
使用环境	−20~50 ℃
外形与材质	高：24.5 mm（±0.25 mm），材质：铝合金 质量：10 g
交叉干扰	无
功耗	≤0.2 W

一氧化碳是一种无色无味的有毒气体，通过人体呼吸道吸入后会与血液中的血红蛋白相结合，降低输送氧气的能力。同时一氧化碳还会抑制呼吸酶，造成中枢神经缺氧，从而使人体出现不同程度的中毒现象。且在火灾初期会有 CO 产生，故监测 CO 尤为重要。《城市综合管廊工程技术规范》中规定：管廊中一氧化碳的最高浓度不能超过 30 mg/m^3，如果浓度

超标则应当快速开启通风，保证管廊能够正常运行。以下为一种可用于管廊机器人的气体检测系统的 JXM-CO 传感器规格及参数，如表 4.2 所示。

表 4.2 JXM-CO 传感器规格及参数

型号	JXM-CO
检测气体	一氧化碳（CO）
量程	$0\sim2\,000\times10^{-6}$
分辨率	0.1×10^{-6}
检测原理	电化学
响应时间	$T_{90}\leqslant15$ s
精度	≤读数的 ±3%（25 ℃）
工作电压	5 V
输出信号	TTL 模拟电压
预期寿命	1 年
使用环境	−20~50 ℃
外形与材质	高：24.5 mm（±0.25 mm），材质：铝合金 质量：10 g
交叉干扰	CO_2、SO_2、NO_2、CH_4、H_2S 等
功耗	≤0.2 W

管廊中的 H_2S 气体主要从污水管道的阀门处产生，随着管廊处于长期密封的状态，里面 H_2S 气体会不断地堆积，H_2S 气体是一种有毒气体，在低浓度时会有很明显的臭味，随着浓度升高会刺激人的眼球，引起咳嗽，使人失去嗅觉，严重时会使人失去知觉，最终停止呼吸。以下为一种可用于管廊机器人的气体检测系统的 JXM-H_2S 传感器规格及参数，如表 4.3 所示。

表 4.3 JXM-H_2S 传感器规格及参数

型号	JXM-H_2S
检测气体	硫化氢（H_2S）
量程	$0\sim100\times10^{-6}$
分辨率	0.1×10^{-6}
检测原理	电化学
响应时间	$T_{90}\leqslant15$ s
精度	≤读数的 ±3%（25 ℃）
工作电压	5 V
输出信号	TTL 模拟电压
预期寿命	1 年

续表

型号	JXM-H_2S
使用环境	-20~50 ℃
外形与材质	高:24.5 mm(±0.25 mm),材质:铝合金,质量:10 g
交叉干扰	CO、CO_2、SO_2、NO_2、CH_4 等
功耗	≤0.2 W

由于甲烷易燃易爆的特点,一旦发生泄漏,极易引发火灾和爆炸,危及整个综合管廊的安全。以下为一种可用于管廊机器人的气体检测系统的 JXM-CH_4 传感器规格及参数,如表 4.4 所示。

表 4.4　JXM-CH_4 传感器规格及参数

型号	JXM-CH_4
检测气体	甲烷(CH_4)
量程	0~100%LEL
分辨率	0.1%LEL
检测原理	催化燃烧式
响应时间	T_{90}≤15 s
精度	≤读数的 ±3%(25 ℃)
工作电压	5 V
输出信号	TTL 模拟电压
预期寿命	1 年
使用环境	0~50 ℃
外形与材质	高:24.5 mm(±0.25 mm),材质:铝合金,质量:10 g
交叉干扰	无
功耗	≤0.2 W

4.5　管道环境检测技术

由于城市综合管廊属于一个典型的管廊空间,在其运营过程中长期处于封闭状态,其内部环境容易受到影响,例如电力、热力管线在工作时会产生大量的热量影响管廊内的温度变化;管廊长期的封闭状态会使得其内部潮湿、阴暗。因此管廊机器人应建立较为完善的环境检测系统。管廊中应检测的环境参数主要有温度、湿度、烟雾以及其他需监控因素,如电缆温升、部件发热、管廊明火等。

对于温湿度的检测通常采用温湿度传感器,以下为一种可搭载至管廊机器人的温湿度传感器具体参数,如表 4.5 所示。

表 4.5 温湿度传感器参数

测量范围	温度	-40~+80 ℃
	湿度	0~99.9%
精度（25 ℃环境下）	温度	± 0.5 ℃
	湿度	10~90%
分辨率	温度	0.1 ℃
	湿度	0.1%
衰减值	温度	<0.1 ℃ / 年
	湿度	<1%/ 年

地下管廊管道多且复杂，其中包括电力、燃气管道，容易发生火灾。火灾发生时会有烟雾产生，所以检测系统要对管廊内的烟雾进行检测，为火灾判断提供依据。以下为一种可搭载至管廊机器人的烟雾报警器具体参数，如表 4.6 所示。

表 4.6 烟雾报警器参数

烟雾测量范围	0~2000PPM
烟雾最大允许误差	± 7%
烟雾重复性测试误差	± 5%
烟雾敏感体	热响应式半导体
通信接口	RS485（MODBUT-RTU）
默认波特率	9600（默认）8，n，1
供电电源	DC12~24 V
显示分辨率	1PPM
功耗	⩽0.1 W
运行环境	-30~80 ℃，0~100%（无防凝露）

管廊其他需监控的环境因素如电缆温升、部件发热、管廊明火等可通过可见光或红外热成像的方式进行检测。自然界中一切温度高于绝对零度的物体，每时每刻都辐射出红外线，同时这种红外线辐射都载有物体的特征信息。利用这一特性，通过光电红外探测器将物体发热部位辐射的功率信号转换成电信号后，成像装置就可以一一对应地模拟出物体表面温度的空间分布，最后经系统处理，形成热图像视频信号，传至显示屏幕上，就得到与物体表面热分布相对应的热像图，即红外热图像。运用这一方法，便能实现对目标进行远距离热成像和测温，并进行分析判断。以下为一种可搭载至管廊机器人的热成像监控设备具体参数，如表 4.7 所示。

表 4.7　热成像监控设备参数

设备	温度异常检测报警半球摄像机
型号	DS-2TD1217-3/6/QA
热成像传感器类型	氧化钒非制冷型探测器
图像尺寸	160 × 120（默认输出 320 × 240）
像元尺寸	17 μm
响应波段	8~14 μm
MRAD（空间分辨率）	9.442 dpi
热成像近摄距	1.1 m
伪彩模式	白热、黑热、融合 1、彩虹、融合 2、铁红 1、铁红 2、深褐色、色彩 1、色彩 2、冰火、雨、红热、绿热、深蓝等 15 种
可见光传感器类型	400 万星光级 1/2.7"Progressive Scan CMOS
视频压缩标准	H.265/H.264/MJPEG

第5章　管廊机器人软件

5.1　机器人软件特点

不同于传统计算机系统（如互联网软件、办公软件等），管廊机器人是一类信息—物理—社会等多要素高度融合的复杂系统 。从内部构成上看，它配备了许多物理设备，如各种传感器（如视频、红外、声音等）、机械臂、马达等，需要借助于软件密集型的信息系统来自主决策机器人的物理行为、完成各种计算、实现与其他机器人之间的协同。此外，管廊机器人还需要与人（如用户）进行交互，如接受用户的任务和指令、将相关信息反馈给用户，共同完成相关的任务。

首先，管廊机器人是一个物理系统，它配备了各种物理设施，包括传感器（如照相、视频、红外、声音等）、手臂、运动机械（如马达）等。基于这些物理设备，机器人可以与环境进行双向的交互，通过实施各种物理行为（如移动、抓取等）来影响和改变环境，并且通过不同类别的传感数据来获知周围环境状态。

其次，管廊机器人是一个信息系统，它内部嵌入了计算机软件系统，能够处理和分析各种传感数据和信息，面向特定任务进行行为的规划和决策，实现与其他系统（如机器人、云和服务计算系统）的协同。因此，可以认为机器人是由计算机软件所管理和驱动的一类物理系统。

管廊机器人还是一个社会系统。一方面机器人要服务于人类，需要与人类进行各种交互，如接受人类的任务和指令，将相关信息反馈给人类；另一方面多个机器人之间需要进行各种交互、合作、协商和竞争，需要遵循特定的社会法规或约束，以共同完成相关任务。

其中，机器人软件作用于机器人物理系统和计算系统之上，与机器人物理系统进行直接交互，能够感知环境变化、接受用户指令、获得状态信息、调整自身结构和行为等，以此来管理机器人资源、驱动机器人行为、实现所赋予的任务和目标 。机器人软件是构成自主机器人的一个重要组成部分，它是实现自主机器人自主运行、自我管理、适应调整等的核心和关键，主要承担以下三方面职责。

（1）有效实施与环境的交互：机器人软件通过丰富的传感器件获取周围环境的状态信息，快速、准确地处理传感器所获得的大量、多样、异构的数据（如视频、图像、红外、超声波等），生成对于机器人而言既相关又有价值的信息（如知识、信念、事件等），以此来驱动机器人的行为。所谓“相关”是指传感信息对于机器人任务而言是需要的，“有价值”是指所产生的信息对于机器人完成其任务是有用的。用户作为机器人所在环境的一个重要组成要素，机器人还需要与用户进行交互（如通过自然语言），正确理解用户的意图，并以此来产生任务和行为。

（2）自主决策机器人的行为：机器人软件通常自主决策和规划机器人的行为，无需过多的人为干预或指导，其能够根据被赋予的任务目标和环境模型，自主决策产生若干有效和可行的行为序列来实现任务目标。机器人还需要执行规划，监视规划的执行情况，持续调整和优化机器人的规划和行为，最终实现机器人的任务目标。

（3）自我管理机器人的资源：机器人具有多样化异构的物理资源和计算资源，如各种传感器、电机、关节、能源、存储和各种计算设备等。这些资源的状态处于动态变化之中，如物理设备会出现故障、能源会逐步耗尽、计算资源被动态分配等。因此，人为对机器人资源进行持续管理会给程序开发人员和用户带来极大的负担，在某些情况下很难达到其管理和维护要求（如时间、空间的约束和限制）。机器人软件需要具备对其资源进行自我管理的能力，如自我配置、自我优化、自我保护等，减少自主机器人的运行成本、降低管理复杂度。

可以认为机器人软件是一类特定领域的软件系统，它既要与机器人的物理系统进行交互从而驱动其物理行为，同时也存在与机器人所处外部环境的密集信息交互。不同于其他信息系统，机器人软件的功能和结构通常具有层次化的特点。

（1）任务层：在该层次机器人软件主要是根据所赋予的任务目标和环境状态，自主决策和规划机器人的行为，从而指导机器人的行为实施。任务层的机器人软件更加关注任务决策和规划的实时性、自主性和理性，以及所生成的规划和决策如何有效应对外部环境的变化。

（2）行为层：行为层对上层所产生的规划任务进行合理的调度和分发，将不同的动作和行为交由不同的机器人效应器或传感器部件来执行。任务层的机器人软件更加关注行为调度和执行的实时性、自主性和合理性，以及针对外部环境变化的适应性、灵活性以及动作和行为执行的高效性。

（3）动作层：在该层次机器人软件需要完成各种具体的计算和控制，包括获取机器人和环境的各种状态信息，借助于人工智能技术（如声音识别、图形和图像处理、机器学习）处理感知数据，通过各种计算实现特定数据的处理功能，访问互联网获得服务，对机器人的计算和物理设备进行管理，同时通过软件接口或者驱动程序来控制机器人的物理设备，实施各种物理行为。动作层的自主机器人软件更加关注计算准确性、控制实时性以及管理自治性。

5.2　机器人离线编程技术

5.2.1　离线编程技术流程

离线编程技术利用 CAD 建模技术生成的工作空间模型对机器人控制程序进行编程，在程序下载到工业机器人驱动器之前，可以离线对运动的轨迹、时序等重要特征进行仿真。机器人离线编程技术流程如图 5.1 所示。

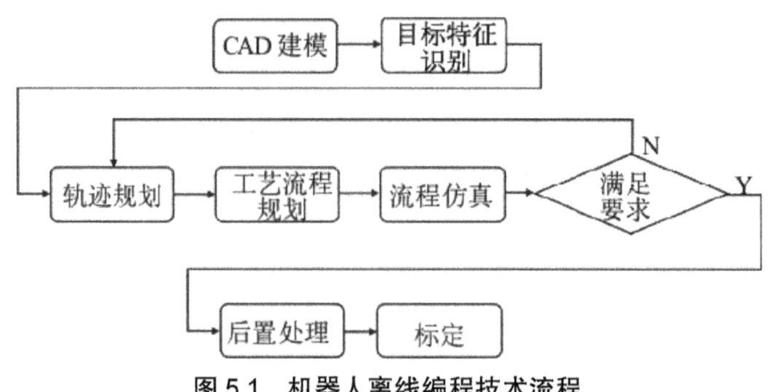

图 5.1 机器人离线编程技术流程

CAD 建模：CAD 建模需要完成的任务如下：①零件建模；②设备建模；③系统设计和布置；④几何模型图形处理。因为应用现有 CAD 数据及机器人理论结构参数所构建的机器人模型与实际模型之间存在误差，所以必须对机器人进行标定，对其误差进行测量、分析及不断校正。随着机器人应用领域的不断扩大，机器人作业环境的不确定性对机器人作业任务有着十分重要的影响，固定不变的环境模型是不够的，极可能会导致机器人作业的失败。因此，如何实时确定机器人作业环境，并以此动态修改环境模型，是机器人离线编程系统实用化的一个重要问题。

目标特征识别：这个过程包括从操作目标的三维模型中提取出特征路径，根据所采用的末端执行器的坐标位置，生成机械臂末端运动的路径点。这个过程要求离线编程系统能够从目标的边、角等特征中自动识别出特征曲线，以减小编程量。此外，初始点、进入点和退出点等特征点需要人为指定。

轨迹规划：根据识别的目标特征，自动生成轨迹。通常根据机器人逆运动学计算出来的轨迹可能不止一条，具体应用时还需要根据具体的空间可达性、避障性能，以及最小化构型转换等要求，由操作者来选择或通过优化目标函数来选择。

工艺流程规划：对于处理复杂工艺的情形，尤其是多机器人协同操作的场合，需要通过离线编程系统规划出详细的动作时序和路径，避免干涉和碰撞，同时优化各个参数，提高生产效率。

流程仿真：流程仿真是离线编程系统的一大优势，通过流程仿真可提前发现程序中不协调的项目，事先直观获知机器人运动过程，减少占用生产线的时间。

后置处理：后置处理的主要任务是将离线编程的源程序编译为机器人控制系统能够识别的目标程序。当作业程序的仿真结果完全达到作业要求后，将该作业程序转换成目标机器人的控制程序和数据，并通过通信接口下载到目标机器人控制柜，驱动机器人去完成指定的工作任务。

标定：在理想情况下，由离线编程技术建立的模型应同机器人实际模型完全一致。在传感器匹配的情况下，由离线编程系统生成的程序可直接下载至机器人系统中执行工作任务。实际上，由于模型和真实系统间存在差别，在实际应用中需要对离线编程系统的结果进行标定和修正。因此，标定时间至关重要，一方面会影响到机器人的实际工作效果，另一方面占用了机器人生产线的时间，所以应尽可能缩短标定时间。

5.2.2　离线编程软件系统

国内外的离线编程软件,按照设计用途大致可以分为两类:通用型离线编程软件和专用型离线编程软件。

通用型离线编程软件通常都由第三方软件公司负责开发和维护,可支持多款机器人的仿真、轨迹编程和后置输出。这类软件优缺点很明显,优点是可支持多款机器人,缺点是对某一特定品牌的机器人的支持力度不如专用型离线编程软件大。典型的通用型离线编程软件及其特征见表 5.1。

表 5.1　典型通用型离线编程软件及特征

软件名称	所属公司	主要特征
RobotMaster	加拿大 Jabez	具有较强的动态交互能力,用户只要点击拖曳机器人的手臂、轴、工具或工件,就能以手动或自动方式轻松修改机器人的位置和轨迹;支持外部轴,包括直线导轨及旋转台;具有丰富的机器人配置库,但暂不支持多台机器人同时模拟仿真
RobotoWorks	以色列 Compucraft	生成轨迹方式多样,支持多种机器人与外部轴;缺点是使用前需要购买 Solid Works 软件,且由于 Solid Works 软件本身不带 CAM 功能,编程烦琐,造成机器人运动学规划策略智能化程度低
RoboMove	意大利 Qdesign	支持市面上大多数品牌的机器人;机器人加工轨迹由外部 CAM 导入,软件操作自由,支持多台机器人仿真;缺点是需要操作者对机器人有较为深入的了解,策略智能化程度不高
Rob CAD	德国西门子	支持离线点焊和多台机器人仿真,支持非机器人运动机构仿真,能实现精确的节拍仿真,主要应用于产品生命周期中的概念设计和结构设计两个前期阶段;缺点是价格昂贵,离线编程功能较弱,使用 Unix 操作系统移植过来的界面,人机界面不友好
Delmia	法国达索	利用强大的产品、工艺、资源数据协同动作系统集成中枢快速进行机器人工作单元建立、仿真与验证,功能强大;具有超过 400 个机器人资源库,属于专家型软件;操作难度大,对使用者专业能力要求较高,价格昂贵
RobotArt	中国华航唯实	能根据模型的几何拓扑生成轨迹,轨迹的仿真和优化功能比较突出,重视企业定制;资源丰富的在线教育系统,非常适合学校教育和个人学习;轨迹编程方面有较大的提升空间
RoboDK	加拿大 RoboDK	能够支持全世界 200 多种机器人的离线编程,能根据模型的几何拓扑生成轨迹;界面较友好,支持外部轴,性价比高

专用型离线编程软件通常由机器人本体厂家自行或委托第三方软件公司开发及维护,这类软件通常只支持本品牌的机器人仿真、编程和后置输出。由于开发人员可以接触机器人底层数据通信接口,所以这类离线编程软件有更强大和实用的功能,与机器人本体兼容性也更好。

5.3 管廊机器人通信技术

管廊机器人的通信系统,包括机器人与外部环境的信息交互以及机器人内部各模块之间的通信。管廊机器人通信系统的建立依托于计算机系统的配合,由于计算机具有强大的处理能力,通信系统可以实现一系列诸如运动控制、路径规划、传感器信息处理等数据的运算。同时,通信系统还可以实现多机器人之间的数据交互。管廊机器人的通信系统主要分为内部通信系统和外部通信系统。内部通信系统的主要任务是完成机器人内部各模块之间的通信。外部通信系统主要完成上位机与下位机之间的信息交互,其中包括上位机对下位机的控制信息以及下位机向上位机反馈的采集数据。管廊机器人的外部通信分为两种模式:有线通信和无线通信。

无线通信是利用电磁波信号可以在自由空间中传播的特性进行信息交换的一种通信方式,从 20 世纪 70 年代,人们就开始了无线网的研究。在整个 20 世纪 80 年代,伴随着以太局域网的迅猛发展,以具有不用架线、灵活性强等优点的无线网以己之长补"有线"所短,而无线通信发展到现在,优势更加明显:①成本廉价;②建设工程周期短;③适应性好;④扩展性好;⑤设备维护上更容易实现。基于以上优势,无线通信越来越受到研究人员的关注。通常对于移动的机器人多采用无线通信方式。

近几年,随着科学技术的发展,无线通信技术的种类也越来越多。无线网络技术主要分为:无线个人网、无线局域网、无线城域网。而按照通信距离长短可分为:近距离无线通信和远距离无线通信。

目前使用比较广泛的近距无线通信技术有:蓝牙(Bluetooth)、无线局域网(Wi-Fi)和红外传输(IrDA)。还有一些具有发展潜力的近距无线通信技术:ZigBee、短距离通信(NFC)、超宽频(UltraWideBand)等。

5.3.1 蓝牙(Bluetooth)

蓝牙是一种支持设备短距离通信的无线电技术,它的出现要归功于 Bluetooth SIG。Bluetooth SIG 蓝牙技术联盟是一家贸易协会,由电信、计算机、汽车制造、工业自动化和网络行业的领先厂商组成。该小组致力于推动蓝牙无线技术的发展,为短距离连接移动设备制定低成本的无线规范,并将其推向市场。

蓝牙技术标识及典型产品:

蓝牙设备工作在全球通用的 2.4GHz ISM(即工业、科学、医疗)频段,设备之间的通信是以跳频的形式进行的,能够实现很强的保密性。目前,蓝牙技术最高的通信速率 2MB/s,通信距离一般在 10 m 之内。蓝牙技术主要应用在手机、PDA、无线耳机、笔记本电脑、相关外设等众多设备之间的无线信息交换。利用蓝牙技术,能够有效地简化移动通信终端设备之间的通信,实现高效、高保密的信息交流。

Bluetooth 技术的优势:

(1)安全性高。Bluetooth 设备在通信时,工作的频率是不停地同步变化的,也就是常说的跳频通信。通信双方的信息很难被捕获,更谈不上被破解和恶意插入欺骗信息了。

(2)易于使用。Bluetooth 技术是一项即时技术,它不要求固定的基础设施,且易于安装和设置。

Bluetooth 技术的不足:

(1)通信速度不高。蓝牙设备的通信速度较慢。目前最高只能达到 2M/s。有很多的应用需求不能得到满足。

(2)传输距离短。蓝牙技术最初就是为近距离通信而设计的,所以它的通信距离比较短,一般不超过 10 m。

5.3.2　ZigBee 技术

ZigBee 是 IEEE802.15.4 协议的代名词。根据该协议规定,这是一种短距离、低功耗的无线通信技术。这一名称来源于蜜蜂的八字舞,由于蜜蜂是靠飞翔和"嗡嗡"的抖动翅膀的"舞蹈"来与同伴传递花粉所在方位信息,也就是说蜜蜂依靠这样的方式构成了群体中的通信网络。其特点是近距离、低成本、自组织、低功耗、低复杂度和低数据速率,主要适用于自动控制和远程控制领域,可以嵌入各种设备。简而言之, ZigBee 就是一种便宜的、低功耗的低距离无线组网通信技术。

ZigBee 的工作频率有下面三种标准: 868 MHz 传输速率为 20kb/s,适用于欧洲; 915 MHz 传输速率为 40kb/s,适用于美国;2.4GHz 传输速率为 250kb/s,全球通用。

目前,国内都在使用 2.4GHz 的工作频率。其宽带为 5 MHz,有 16 个信道。在室外如果障碍物少,甚至可以达到 100 m 作用距离。它的优势和不足如下文所述。

ZigBee 技术的优势:

(1)功耗低。在低耗电待机模式下,两节普通 5 号干电池可使用 6 个月以上。这也是 ZigBee 的支持者所一直引以为豪的独特优势。

(2)低成本。因为 ZigBee 数据传输速率低,协议简单,所以大大降低了成本。

(3)网络容量大。每个 ZigBee 网络最多可支持 65 535 个设备,也就是说每个 ZigBee 设备可以与另外 254 台设备相连接。

ZigBee 技术的不足:

ZigBee 技术本身是一种为低速通信而设计的规范,它的最高通信速度只有 259kb/s,对一些大数据量通信的场合它并不合适,但是这一特点会逐渐改变,一些厂商生产的 ZigBee 芯片目前也突破了这个限制。

5.3.3　红外传输(IrDA)

IrDA 是红外数据组织(Infrared Data Association)的简称,目前广泛采用的 IrDA 红外连接技术就是由该组织提出的。到目前为止,全球采用 IrDA 技术的设备超过了 5000 万部。IrDA 已经制订出物理介质和协议层规格,以及 2 个支持 IrDA 标准的设备可以相互监测对方并交换数据。初始的 IrDA1.0 标准制订了一个串行,半双工的同步系统,传输速率为

2400bps 到 115 200bps，传输范围 1 m，传输半角度为 15 度到 30 度。最近 IrDA 扩展了其物理层规格，使数据传输率提升到 4m/s。PXA27x 就是使用了这种扩展了的物理层规格。

5.3.4 NFC 技术

NFC（Near Field Communication，近距离无线传输）是由 Philips、NOKIA 和 Sony 主推的一种类似于 RFID（非接触式射频识别）的短距离无线通信技术标准。和 RFID 不同，NFC 采用了双向的识别和连接技术。在 20 cm 距离内工作于 13.56 MHz 频率范围。NFC 最初仅仅是遥控识别和网络技术的合并，但现在已发展成无线连接技术。它能快速自动地建立无线网络，为蜂窝设备、蓝牙设备、Wi-Fi 设备提供一个“虚拟连接”，使电子设备可以在短距离范围进行通信。NFC 的短距离交互大大简化了整个认证识别过程，使电子设备间互相访问更直接、更安全和更清楚，不用再听到各种电子杂音。NFC 通过在单一设备上组合所有的身份识别应用和服务，帮助解决记忆多个密码的麻烦，同时也保证了数据的安全保护。有了 NFC，多个设备如数码相机、PDA、机顶盒、电脑、手机等之间的无线互连，彼此交换数据或服务都将有可能实现。此外 NFC 还可以将其他类型无线通信（如 Wi-Fi 和蓝牙）“加速”，实现更快和更远距离的数据传输。每个电子设备都有自己的专用应用菜单，而 NFC 可以创建快速安全的连接，而无须在众多接口的菜单中进行选择。与知名的蓝牙等短距离无线通信标准不同的是，NFC 的作用距离进一步缩短且不像蓝牙那样需要有对应的加密设备。同样，构建 Wi-Fi 家族无线网络需要多台具有无线网卡的电脑、打印机和其他设备。除此之外，还得有一定技术的专业人员才能胜任这一工作。而 NFC 被置入接入点之后，只要将其中两个靠近就可以实现交流，比配置 Wi-Fi 连接容易得多。

NFC 有三种应用类型：

（1）设备连接。除了无线局域网，NFC 也可以简化蓝牙连接。比如，手提电脑用户如果想在机场上网，他只需要走近一个 Wi-Fi 热点即可实现。

（2）实时预定。比如，海报或展览信息背后贴有特定芯片，利用含 NFC 协议的手机或 PDA，便能取得详细信息，或是立即联机使用信用卡进行票卷购买。而且，这些芯片无需独立的能源。

（3）移动商务。飞利浦 Mifare 技术支持了世界上几个大型交通系统及在银行业为客户提供 Visa 卡等各种服务。索尼的 FeliCa 非接触智能卡技术产品在中国的部分城市、新加坡、日本的市场占有率非常高，主要应用在交通及金融机构。总而言之，这项新技术正在改写无线网络连接的游戏规则。但 NFC 的目标并非是完全取代蓝牙、Wi-Fi 等其他无线技术，而是在不同的场合、不同的领域起到相互补充的作用。所以如今后来居上的 NFC 发展态势相当迅猛。

5.3.5 超宽带（Ultra Wide Band）

超宽带技术 UWB（UltraWide Band）是一种无线载波通信技术，它不采用正弦载波，而是利用纳秒级的非正弦波窄脉冲传输数据，因此其所占的频谱范围很宽。UWB 可在非常宽的带宽上传输信号。美国FCC对UWB的规定为:在3.1~10.6GHz频段中占用500 MHz以上的带宽。由于UWB可以利用低功耗、低复杂度发射/接收机实现高速数据传输,在近年来得到了迅速发展。它在非常宽的频谱范围内采用低功率脉冲传送数据而不会对常规窄带无线通信系统造成大的干扰,并可充分利用频谱资源。基于UWB技术而构建的高速率数据收发机有着广泛的用途。UWB技术具有系统复杂度低、发射信号功率谱密度低、对信道衰落不敏感、低截获能力、定位精度高等优点,尤其适用于室内等密集多径场所的高速无线接入,非常适于建立一个高效的无线局域网或无线个人局域网(WPAN)。UWB主要应用在小范围、高分辨率,能够穿透墙壁、地面和身体的雷达和图像系统中。除此之外,这种新技术适用于对速率要求非常高(大于100Mb/s)的LANs或PANs。UWB最具特色的应用将是视频消费娱乐方面的无线个人局域网(PANs)。现有的无线通信方式, 802.11b和蓝牙的速率太慢,不适合传输视频数据;54Mb/s速率的802.11a标准可以处理视频数据,但费用昂贵。而UWB有可能在10 m范围内,支持高达110Mb/s的数据传输率,不需要压缩数据,可以快速、简单、经济地完成视频数据处理。具有一定相容性和高速、低成本、低功耗的优点使得UWB较适合家庭无线消费市场的需求。UWB尤其适合近距离高速传送大量多媒体数据以及可以穿透障碍物的突出优点,让很多商业公司将其看作一种很有前途的无线通信技术,应用于诸如将视频信号从机顶盒无线传送到数字电视等家庭场合。当然, UWB未来的前途还要取决于各种无线方案的技术发展、成本、用户使用习惯和市场成熟度等多方面的因素。

5.3.6 Wi-Fi技术

无线宽带是Wi-Fi的俗称。所谓Wi-Fi其实就是IEEE802.11b的别称,它是一种短程无线传输技术,能够在几百米范围内支持互联网接入的无线电信号。随着技术的发展,以及IEEE802.11b、g、n等标准的出现,现在IEEE802.11这个标准已被统称作Wi-Fi。

Wi-Fi设备工作在全球通用的2.4GHzISM频段。目前在应用的协议标准主要有以下三种:

(1)IEEE802.11b:工作频段2.4GHz,其带宽为83.5 MHz,有13个信道,使用DSSS(直接序列扩频技术),最大理论通信速率为11Mb/s。

(2)IEEE802.11 g:工作频段2.4GHz,其带宽为83.5 MHz,有13个信道,使用OFDM(正交频分技术),最大理论通信速率为54Mb/s。

(3)IEEE802.11n:工作频段2.4GHz/5.0GHz,其带宽为83.5 MHz/125 MHz,有13/15个信道,使用MIMO技术(多入多出技术),最大理论通信速率为300Mb/s。

无线宽带通信距离一般在200 m范围以内。针对一些特殊的应用场合,加大通信双方设备的输出功率,通信距离可以超过2 km。目前,它主要应用在无线的宽带互联网的接入,是在家里、办公室或在旅途中上网的快速、便捷的途径。

Wi-Fi技术有下面几个优势:

(1)覆盖广。其无线电波的覆盖范围广,穿透力强,可以非常方便地为整栋大楼提供无线的宽带互联网的接入。

（2）速度高。Wi-Fi 技术的传输速度非常快，支持 IEEE802.11n 协议设备的通信速度可以高达 300Mb/s 能满足人们接入互联网，浏览和下载各类信息的需求。

（3）门槛低。厂商只要在机场、车站、咖啡店、图书馆等人员较密集的地方设置“热点”，支持 Wi-Fi 的各种设备（例如：手机、手提电脑、PDA）都可以通过 Wi-Fi 网络非常方便地高速接入互联网。

Wi-Fi 技术的不足：

Wi-Fi 技术的不足是安全性不好。由于 Wi-Fi 设备在通信中没有使用跳频等技术，虽然使用了加密协议但还是存在被破解的隐患。

远距离无线通信技术相对于近距离无线通信技术，显而易见的优势就是通信距离大大加长，并且借由现代发达的通信网络，还可以实现超远距离的信息通信。但其也存在通信可靠性和安全性的问题。

5.3.7 WiMAX 技术

WiMAX 是一项新兴技术，能够在比 Wi-Fi 更广阔的地域范围内提供宽带连接。数据传输距离最远可达 50 km。WiMAX 还具有 QoS 保障、传输速率高、业务丰富多样等优点。WiMAX 的技术起点较高，采用了代表未来通信技术发展方向的 OFDM/OFDMA、AAS、MIMO 等先进技术。随着技术标准的发展，WiMAX 逐步实现宽带业务的移动化，而 3G 则实现移动业务的宽带化，两种网络的融合程度会越来越高。

WiMAX 技术的优点：

（1）实现更远的传输距离。WiMAX 所能实现的 50 千米的无线信号传输距离是无线局域网所不能比拟的，网络覆盖面积是 3G 发射塔的 10 倍，只要少数基站建设就能实现全城覆盖，这样就使得无线网络应用的范围大大扩展。

（2）提供更高速的宽带接入。据悉，WiMAX 所能提供的最高接入速度是 70mb/s，这个速度是 3G 所能提供的宽带速度的 30 倍。对无线网络来说，这的确是一个惊人的进步。

（3）提供优良的最后一千米网络接入服务。作为一种无线城域网技术，它可以将 Wi－Fi 热点连接到互联网，也可作为 DSL 等有线接入方式的无线扩展，实现最后一千米的宽带接入。WiMAX 可为 50 千米线性区域内提供服务，用户无需线缆即可与基站建立宽带连接。

（4）提供多媒体通信服务。由于 WiMAX 较之 Wi-Fi 具有更好的可扩展性和安全性，从而能够实现电信级的多媒体通信服务。

WiMAX 技术的缺点：

（1）从标准来讲，WiMAX 技术是不能支持用户在移动过程中无缝切换的。其传输距离只有 50 千米，而且如果高速移动，WiMAX 达不到无缝切换的要求，跟 3G 的三个主流标准比，其性能相差是很远的。

（2）WiMAX 严格意义上不是一个移动通信系统的标准，还只是一项无线城域网技术。

另外,我国政府也组织了相关专家对此做了充分分析与评估,得出的结论是类似的。

(3)WiMAX 要到 IEEE802.16 m 才能成为具有无缝切换功能的移动通信系统。WiMAX 阵营把解决这个问题的希望寄托于未来的 IEEE802.16 m 标准上,而其进展情况还存在不确定因素。

5.3.8　移动通信技术 2G/3G/4G

(1)2G,第二代手机通信技术规格,以数字语音传输技术为核心。2G 技术基本可被分为两种,一种是基于 TDMA 所发展出来的,以 GSM 为代表,另一种则是 CDMA 规格。

主要的第二代手机通信技术规格标准有:

GSM:基于 TDMA 所发展,源于欧洲,目前已全球化。

IDEN:基于 TDMA 所发展,美国独有的系统。被美国电信系统商 Nextell 使用。

IS-136(也叫作 D-AMPS):基于 TDMA 所发展,是美国最简单的 TDMA 系统,用于美洲。

IS-95(也叫作 CDMA One):基于 CDMA 所发展,是美国最简单的 CDMA 系统,用于美洲和亚洲一些国家。

PDC(Personal Digital Cellular):基于 TDMA 所发展,仅在日本普及。

(2)3G,第三代移动通信技术,是指支持高速数据传输的蜂窝移动通信技术。3G 服务能够同时传送声音及数据信息,速率一般在几百 kb/s 以上。3G 是指将无线通信与国际互联网等多媒体通信相结合的新一代移动通信系统,目前 3G 存在 3 种标准:CDMA2000、WCDMA、TD-SCDMA。

3G 下行速度峰值理论可达 3.6Mb/s(一说 2.8Mb/s),上行速度峰值也可达 384kb/s。3G 与 2G 的主要区别是在传输声音和数据的速度上的提升,它能够在全球范围内更好地实现无线漫游,并处理图像、音乐、视频流等多种媒体形式,提供包括网页浏览、电话会议、电子商务等多种信息服务,同时也要考虑与已有第二代系统的良好兼容性。用第三代手机除了可以进行普通的寻呼和通话外,还可以上网读报纸、查信息、下载文件和图片;由于带宽的提升,第三代移动通信系统还可以传输图像,提供可视电话业务。

(4)4G,第四代移动电话行动通信标准。该技术包括 TD-LTE 和 FDD-LTE 两种制式。4G 是集 3G 与 WLAN 于一体,并能够快速传输数据、高质量、音频、视频和图像等。4G 能够以 100M/s 以上的速度下载,比目前的家用宽带 ADSL(4m)快 25 倍,并能够满足几乎所有用户对于无线服务的要求。此外, 4G 可以在 DSL 和有线电视调制解调器没有覆盖的地方部署,然后再扩展到整个地区。

4G 技术的优点:

(1)通信速度快。第四代移动通信系统传输速率可达到 20M/s,甚至最高可以达到 100mb/s,这种速度相当于 2009 年最新手机的传输速度的 1 万倍左右,第三代手机传输速度的 50 倍。

(2)网络频谱宽。每个 4G 信道会占有 100 MHz 的频谱,相当于 W-CDMA3G 网络的

20倍。

（3）通信灵活。4G通信使人们不仅可以随时随地通信，更可以双向下载传递资料、图画、影像，当然更可以和从未谋面的陌生人网上联线游戏对战。

（4）智能性能高。第四代移动通信的智能性更高，不仅表现于4G通信的终端设备的设计和操作具有智能化，例如对菜单和滚动操作的依赖程度会大大降低，更重要的是，4G手机可以实现许多难以想象的功能。

（5）兼容性好。第四代移动通信系统具备全球漫游，接口开放，能跟多种网络互联，终端多样化以及能从第二代平稳过渡等特点。

另外，4G技术还有通信质量高、频率效率高、费用较低等优点。

4G技术的缺点：

（1）标准多；（2）技术难；（3）容量受限；（4）设备更新慢等。

第 6 章　机器人供电技术

6.1　机器人内部供电技术

机器人的运转始终面对一个共同的问题,就是能否匹配到稳定运行时间长的动力电源。机器人动力电源系统直接影响其运行的效率,进而影响机器人的使用。而电源是机器人动力系统的能量源泉,是机器人稳定运转的重要支撑。对于机器人来说,电源的好坏非常关键。

不同机器人虽然存在不同的要求,但机器人都需要容量大的电源,希望续航时间长。机器人电源的性能决定了运行情况,优良的电源可以增加机器人续航时间并提高稳定性。目前,机器人电源采用的传统动力电池,存在体积大、重量大、充电时间长、功率密度低、使用时间短等弊端,这些弊端很大程度上降低了机器人的运行效率。假设使用蓄电池给机器人提供电源的支持。存在一些缺点,例如容量小,机器人运行时间较短。假如使用电缆给机器人提供电源的支持,则会限制机器人的使用区域。就目前来看,对于机器人电源系统,从工作的区域、运行的小时数、安全环保的方面考虑,始终存有很大的弊端。因此,为了更好地在机器人上利用电源,许多科研机构和企业一直在不断探索。过去,科研机构用的机器人动力电源多为锂离子电池,之后逐渐从锂电池不断向新能源和燃料电池方面发展。

电源系统能量的管理策略有许多种,比如滑模控制、逻辑门限控制、模糊逻辑控制等。这些不同的控制策略各有优缺点,适合的使用范围等也有区别。电源系统要根据自身的实际需要选择合适的控制策略,良好的控制策略能使电源的利用率提高。

目前,移动机器人都是使用高质量的机载可充电蓄电池组来给自身供电,从管廊机器人动力电源系统的要求分析,对电源的要求包括以下方面。

(1)容量要求:系统耗电主要是电机,在不同的运行条件下,电机功率损耗不同。以额定电压为 48 V 的机器人为例,工作时电流在 0.5~6 A,功率输出最大约 250 W,空载 5 W 左右。系统要求能够在电流为 3 A 条件下持续工作 4 小时,则需要电池电量至少为 12A·h,容量约为 576W·h。

(2)电压要求:电机通过驱动供电,驱动需要电池电压在一定范围内,才能驱动电机正常工作。电池电压纹波较大会影响对电机的控制,且电池电压波动可能会影响控制电路正常工作,因此需要电池电压在短时间内不能产生剧烈变化。

(3)电流要求:电机长期工作在启动、运行、停止相互切换的状态,状态直接切换时,会导致工作电流的剧烈波动,需要在开关机等电池瞬间大幅变化时不引起电压太大变化。

(4)安全要求:不能发生爆炸或者高温,在使用时不能存在任何可能对人体造成损害的安全隐患。

（5）循环利用次数：循环时间也是一个关乎机器人性能的重要因素。循环时间较短的电源也会在很大程度上使机器人在使用过程中的失误率增加。再者，循环时间较短会造成替换电源的次数多，反而带来很大的额外开销，同时会增加机器人运行成本。

（6）可回收：机器人的发展也会带来许多电池被废弃，从环境保护角度思考，希望废弃电池不会造成环境污染。从利用角度考虑，希望它们可以循环再利用。

以下是一种应用于巡检机器人的内部供电系统配置。

（1）电路原理：电机驱动电路 L293D、红外光电开关 TCRT5000 和一个电阻 R2 三样东西就构成了具有驱动循迹功能的简单系统，TCRT5000 由一对相互隔开的红外和接收二极管构成，发射二极管向地面发射红外线，接收二极管接收从地面反射红外线，机器人使用了 ATMAGE8 单片机内部集成的模数转换功能，不同颜色的地面反射红外线的情况不同，因而接收二极管接收到的红外线信号强度也就不同，之后通过 ATMAGE8 单片机进行模数转换。

（2）电源系统设计：电源系统以单片机为核心，通过外围接口和驱动控制等电路实现状态检测、电源输出及充电过程控制、信息交互等功能。通过串口通信实现与工控机命令执行及状态反馈的交互。通过检测芯片监测电压、电流、电量及温度等信息，实现机器人运行状态的实时监控。保护电池和电路安全，包括对电池过放、过充保护，过流、过压保护和电路短路、浪涌保护等。当检测到电池电压过低时，电源系统上传告警信息并自动切断电池供电，从而防止电池过放。当检测到电池充电电量超过预定饱和值时，电源系统自动停止电池充电，从而防止电池过充。综合运用各种措施保证电池使用安全，延长电池使用寿命。电源系统控制充电机构实现自动充电，通过驱动电路控制继电器组实现电池充电、供电切换和设备电源单独控制。为了便于后续检查机器人运行状态，分析机器人运行故障，以事项形式存储命令执行和异常发生时的电源状态。控制散热风扇和电加热板使机器人本体内部温度达到电池及设备工作的适宜温度。电源模块根据设备电压等级及功率要求，转换分配为各支路电源输出。指示灯显示电源系统通信、电量及支路电源等状态。

6.2 机器人外部充电技术

机器人的自主充电系统是机器人长期自主工作得以电能补充的重要手段。其性能直接影响到机器人是否能够完成动力能源补充，同时也是机器人能否实现长期自治的重要因素。基于一般移动机器人自主充电的过程，自主充电系统需满足以下几个关键条件：

（1）机器人能检测到什么时候需要充电。一种方法是监测电源的电压或者限制机器人的运行时间。另一种方法是精确测量使用的电能，通过对电源的监测，机器人能够预测何时需要充电。

（2）机器人必须被放置在离充电座足够近的地方。不同的导航方法，如视觉识别、循墙、循迹和光跟踪源，每种方法都有它们的局限性。如果没有环境地图，机器人离充电座太远时将无法找到充电座。

（3）机器人可对充电座进行定位。目前的自主充电系统一般采用激光测距仪或视觉传感器来探测充电座。它们一般是基于外观(如光流分析)、图像变形、特征提取或激光条形码来识别。

(4)机器人能从当前位置导航至充电座。机器人从当前位置运动到充电座的过程,可能会出现遇见障碍物等情况,移动机器人系统必须具有导航、避障和路径规划能力。

(5)机器人和充电座之间必须能实现自动电器连接与脱离。一般可通过调整机器人位置或控制充电臂的位置实现机器人的充电插头与充电座的自动对接及断开,由于前两步中的定位与导航均存在精度问题,这里的对接需要对误差有一定的容忍能力。

(6)在有效目标范围内,能够有效调整机器人自身位姿。保证机器人识别母头充电器的视觉系统能够检查到目标。在检测到目标之后能够对机器人与目标之间相对位置进行准确定位并进行路径规划,并有效准确地完成充电对接。

(7)能判断充电座的物理连接是否成功。许多系统采用红外线收发装置来传递机器人与充电座的物理连接是否成功的信息,也可以采用监测机器人连接端的电压来确定电气连接是否成功。由于电气连接是建立在物理连接的基础上,所以此检测系统是必须的,否则对接系统将会误判,导致充电失败。

(8)具有容错以及纠错功能。如果对接时未对准或者未能检测到充电装置时,系统需要对应的策略。

充电桩本身应满足以下性能要求:

(1)充电桩应能与电池管理系统进行通信,在充电过程中实时监控电池状态,当电池管理系统发出严重电池故障信号时自动停止充电。同时,智能充电桩本身应具有输入欠压、输入过压、输出短路、输出过压、温度保护等功能。

(2)提供良好的人机界面,操作方便。完成充电过程的闭环控制,并提供开放的充电过程参数,如充电方式、充电量、电池电量、耗电量等。当充电桩故障导致充电中断时,智能充电桩可以显示故障类型,为故障排除提供一定的指示。

(3)要确定充电桩的充电策略,必须保证快速充电而不影响锂离子电池的使用寿命。充电策略是机器人智能充电桩的重要组成部分。同时,采用模块化方法对各功能模块进行设计,以备将来的维护和维修。

从上述移动机器人自动充电系统的要求可知,机器人自动充电系统的本体设计至关重要。一个好的充电系统应从结构上尽可能使它具有足够大的容忍度,具有普遍环境适应性且结构设计合理、科学、经济、容易实现等。此外,从硬件结构上应尽可能扩大机器人自动充电系统的容忍度,这样可以降低软件控制对导航方法、路径规划等方面要求。

目前,机器人所采用的自动充电技术主要分两种:接触式和非接触式。接触式充电技术是一种最为直观的充电方式,它由机器人直接将蓄电池的充电接头插入充电站插座中来完成一次充电过程。非接触式充电技术中,机器人与充电站没有直接连结,其充电技术可以分为三种,以电磁感应形式进行无线充电的技术、以电磁共振形式进行无线充电技术和以电磁辐射形式进行无线充电的技术。非接触感应充电的缺点是,设计的成本比较昂贵,充电的电路相对比较复杂,对应用环境有一定要求,在管廊中应用有一定困难。有线接触式充电就是利用电缆导线或者金属作为能量的传输媒介，进行电能的输送。这是传统的电力输送方式，同时也是目前主流的电池充电的方式。这种充电方式成本比较低，易于实现设计并推广，操作简单，而且它的充电效率很高，一般都在 95% 以上，充电功率很大，非常适合给需要连续工作的巡检机器人供电。

机器人的续能过程中另外一个关键问题就是机器人与电站之间的对接。无论是充电，还是更换电池的续能方式，能否保证机器人在误差允许的范围内正确对接都是十分关键的问题。

精确对接的主要方式就是确定空间中两个对象位置关系的六自由度方法，其中主要的几种方式有：基于电磁场的系统，基于超声波测距的系统，惯性跟踪，基于红外传感器的方法，其他基于非光学的位置测量包括涡流传感，霍尔效应传感器或者基于电容的方法。其中基于电磁场的方法容易被金属物品干扰，而且成本很高，并不适合自重构系统。超声波和惯性跟踪的方法在某些控制方式中并不能扩展到六自由度。基于非光的方法，由于电动机的存在，产生了很多噪声，使得这些传感的数据变得不再可靠。而基于红外的六自由度控制方法，具有成本低，控制精度较高，不易受到电子电气设备和背景环境的干扰，易于实现的优点。

以下为两种已应用于管廊全向机器人及挂轨机器人的充电装置。在选取充电桩位置时应注意，充电桩的位置务必选取在机器人地图范围内且靠墙放置且充电桩前 2 米和两侧 1.5 米范围内无障碍物，充电桩放置位置应避免潮湿、滴水、高温环境，如果需要多个充电桩摆放时，充电桩间隔不小于 1.5 米。

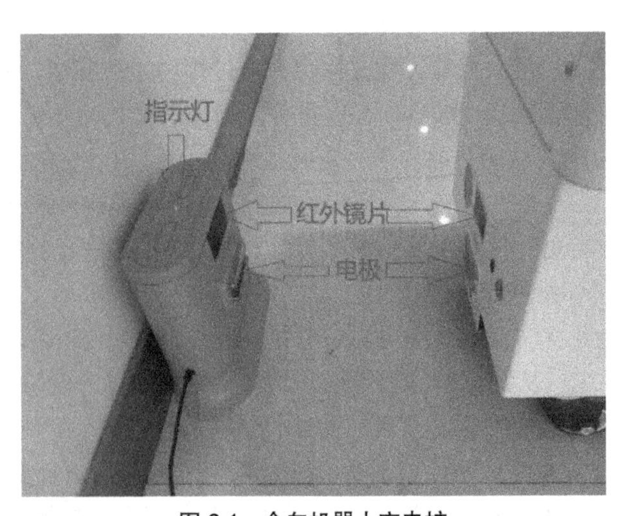

图 6.1　全向机器人充电桩

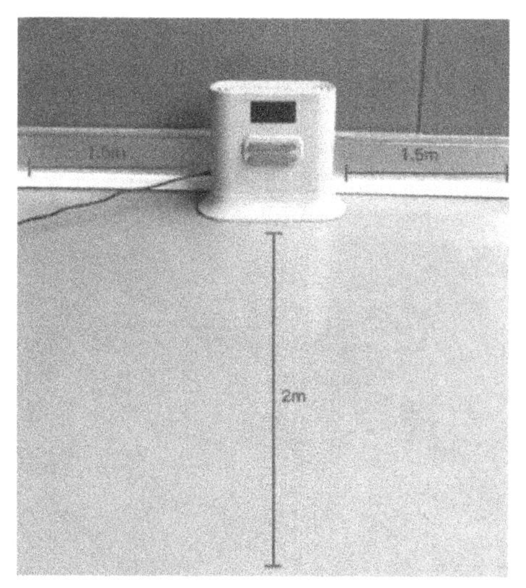

图 6.2　充电桩位置选取

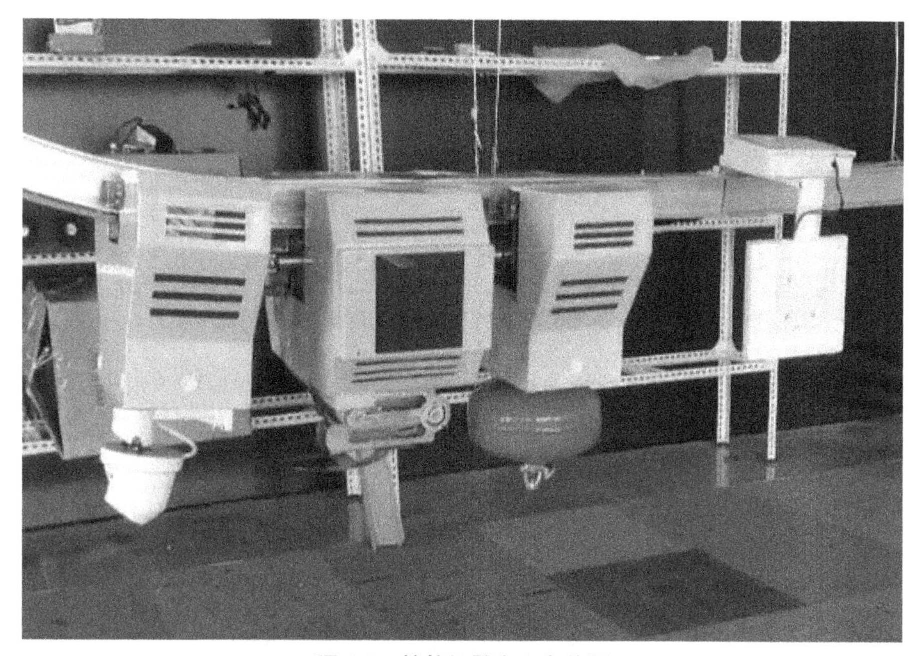

图 6.3　挂轨机器人充电装置

上述机器人外部充电系统具体配置如下：

（1）充电站的供电电源是 220 V 交流电，电源模块的作用在于将 220 V 的交流电转换为供给电池充电用的 19~22 V 直流电，再通过稳压芯片供给控制系统 5 V 的直流电。利用 KBL406（4 A 的桥式整流电路）完成 220 V 交流到直流的转换，并利用电容滤波形成直流脉动电压，再由 W7805 输出 +5 V 来供给单片机应用系统。

（2）系统硬件结构，主要由 5 个部分组成：单片机及其外围电路、专用遥控器、充电控制器、电源、红外线发射模块。

（3）单片机及其外围电路如图 6.4 所示。用户通过充电站上的按键来控制其工作，单片机根据用户的指令和机器人是否在站内充电来点亮相应的指示灯（红灯为工作指示灯，绿灯为快速充电中指示灯）。将红外编码信号的数据存储在内存中，在红外通信中根据所要发射的信号类型来读取并输出信号，同时再输出 39kHz 的载波信号供给红外线发射控制器使用。

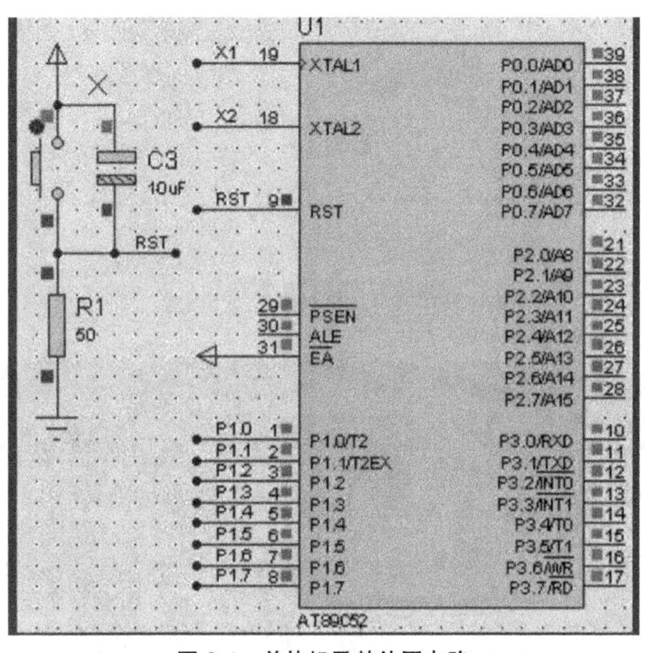

图 6.4　单片机及其外围电路

（4）充电控制器如图 6.5。机器人使用的是 10 节 1.2 V/4000mA · h 的 Ni-MH（镍氢）电池。充电控制器采用快速充电率对电池充电，并在电池充足电后进入涓流充电模式，利用 BQ2002 F（CMOS 镍氢 / 镍镉电池充电控制器）来实现。

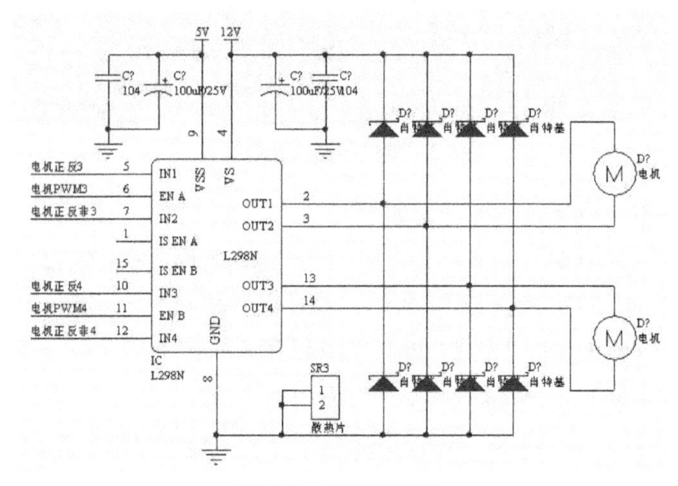

图 6.5　充电控制器

第7章 机器人的控制和远程操控

7.1 机器人的控制

如果仅仅有感官和肌肉，人的四肢并不能活动。一方面是因为来自感官的信号没有器官去接收和处理，另一方面也是因为没有器官发出神经信号，驱使肌肉发生收缩或舒张。同样，如果机器人只有传感器和驱动器，机械臂也不能正常工作。原因是传感器输出的信号没有起作用，驱动电动机也得不到驱动电压和电流，所以机器人需要有一个控制系统，用硬件和软件组成的控制系统。

机器人控制系统的功能是接收来自传感器的检测信号，根据操作任务的要求，驱动机械臂中的各台电动机。就像我们人的活动需要依赖自身的感官一样，机器人的运动控制离不开传感器。机器人需要用传感器来检测各种状态。机器人的内部传感器信号被用来反映机械臂关节的实际运动状态，机器人的外部传感器信号被用来检测工作环境的变化。所以机器人的神经与大脑组合起来，才能成为一个完整的机器人控制系统。

7.1.1 机器人控制系统的概念

机器人控制系统是指由控制主体、控制客体和控制媒体组成的，具有自身目标和功能的管理系统。控制系统可以保持和改变机器、机构或其他设备内可变化的数值。控制系统是为了使被控制对象达到预定的理想状态而设置的，控制系统使被控制对象趋于某种需要的稳定状态。

7.1.2 机器人控制系统的特点

机器人的控制技术是在传统机械系统的控制技术的基础上发展起来的，因此两者之间并无根本的不同，但机器人控制系统也有许多特殊之处，其特点如下。

（1）机器人控制系统本质上是一个非线性系统，引起机器人控制系统的非线性因素很多，机器人的结构、传动件、驱动元件等都会引起系统的非线性。

（2）机器人控制系统是由多关节组成的一个多变量控制系统，且各关节间具有耦合作用。具体表现为某一个关节的运动，会对其他关节产生动力效应，每一个关节都要受到其他关节运动所产生的扰动。因此工业机器人的控制系统中经常使用前馈、补偿、解耦合自适应等复杂控制技术。

（3）机器人系统是一个时变系统，其动力学参数随着机器人关节运动位置的变化而变化。

（4）较高级的机器人要求对环境条件、控制指令进行测定和分析，运用计算机建立庞大的信息库，用人工智能的方法进行控制、决策、管理和操作，按照人们预设的条件，自动选择最佳控制方式。

7.1.3 机器人控制系统的要求

从使用的角度讲，机器人是一种特殊的自动化设备，对其控制有如下要求。

（1）多轴运动的协调控制，以完成设定的工作轨迹。因为机器人手部的运动是所有关节运动的合成运动，要使手部有规律的运动，就必须很好地控制各关节协调动作，包括运动轨迹、动作时序的协调。

（2）较高的位置精度，很大的调速范围。除直角坐标式机器人外，机器人关节上的位置检测元件通常安装在各自的驱动轴上，构成位置半闭环系统，使得机器人具有较高的位置精确度。同时机器人的调速范围很大，这是由于工作时，机器人可能以极低的作业速度加工工件；空行程时，为提高效率，又能以极高的速度移动。

（3）系统的静差率要小，即要求系统具有较好的刚性。这是因为机器人工作时要求运动平稳，不受外力干扰，若静差率大将形成机器人的位置误差。

（4）位置无超调，动态响应快。避免与工件发生碰撞，在保证系统适当响应能力的前提下增加系统的阻尼。

（5）需采用加减速控制。大多数机器人具有开链式结构，其机械刚度很低，过大的加减速度会影响其运动平稳性，运动启停时应有加减速装置。通常采用匀加减速指令来实现。

（6）各关节的速度误差系数应尽量一致。机器人手臂的移动，是各关节联合运动的结果。即使系统有跟踪误差，仍应要求各轴关节伺服系统的速度放大系数尽可能一致。

（7）从操作的角度看，要求控制系统具有良好的人机交互界面，尽量降低对操作者的技术水平要求。因此，在大部分的情况下，要求控制器的设计人员完成底层伺服控制器设计的同时，还要完成规划算法，把任务的描述设计成简单的语言格式。

（8）从系统的成本角度看，要求尽可能地降低系统的硬件成本，更多地采用软件伺服的方法来完善控制系统的性能。

7.1.4 机器人控制的方法

传统的移动机器人运动控制通常采用经典 PID（比例积分微分）控制，但需要建立精确的数学模型，只有当控制系统为线性时，控制效果才较好，对于非线性系统控制效果相对较差。当被控对象的数学模型精确度不高，但仍需要达到良好的控制效果时，英国工程师 Mamdani 提出了改进模糊 PID 控制方法，其具有模糊控制的灵活性和适应性强的特点以及经典 PID 控制精度高的优点。随着移动机器人工作任务的多样化，为了使移动机器人智能地完成各种任务，外置传感器的方法逐渐占据主要地位，机器人依靠其传感器感知环境信息。其中，以计算机视觉为信息获取方式的控制系统，可以通过高精度的图像传感器设备读取到周围环境的实时信息并运用智能控制算法完成信息数据的解析，使得移动机器人控制系统具有能够快速获取位置信息、实时性强、控制效果好的特点。随着移动机器人的实时运算处理和感知性能的提高，为了充分感知和获取环境信息，移动机器人的各种传感器必须相互配合，为此，人们提出了一种基于多传感器信息融合的移动机器人控制方法，将多个传感器采集到的数据进行融合关联，并采用智能控制算法对机器人的运动进行控制，使得系统具有快速平稳且高效的控制效果。

1. 基于 PID 控制

比例积分微分控制又称 PID 控制，是最早发展起来的控制方法之一，具有算法简单、可靠性高、鲁棒性强的特点，在控制领域得到了广泛的应用。目前，大多数控制器都采用 PID 控制技术。

移动机器人常采用伺服电机进行驱动，所以对移动机器人的运动控制即是对伺服电机的控制，常采用三环控制系统。如图 7-1 所示，机器人的控制器主要由电流力矩环、速度控制环以及位置控制环组成。首先，电流回路采用负反馈模式设定电流，并调节 PID 以达到设定的输出电流并控制电动机转矩。其次，速度控制环通过检测编码器信号来执行 PID 调节，输出结果是电流力矩环的设置。最后，位置控制环建立了驱动器和编码器之间的连接并完成 PID 控制，输出是速度控制环的设定值。经典 PID 采用三环控制结构来控制电机速度，有利于提高系统的稳定性，因此它常用于对速度控制要求高且稳定性强的系统中，例如机床数控控制伺服系统和自动泊车系统。

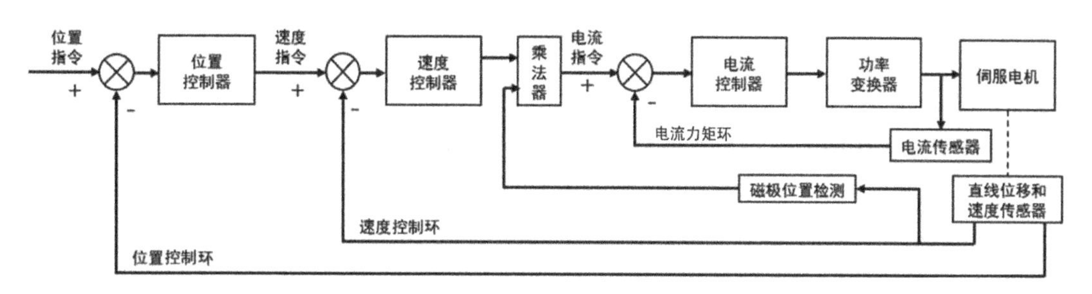

图 7-1　伺服电机的三环控制系统结构图

尽管经典 PID 控制已在自动化场景中广泛使用，但经典 PID 不具有实时在线调整参数 Kp（比例调节）、Ki（积分调节）、Kd（微分调节）的能力。为了在移动机器人的非线性系统中获得良好的控制效果，经典的 PID 控制应与其他控制方法相结合。人们将经典 PID 控制与模糊控制相结合，提出了模糊 PID 控制，减少了系统误差并提高了系统的灵活性和适应性。

模糊控制是一种基于模糊集理论、模糊语言变量和模糊逻辑推理的智能控制方法，它模拟了人类的模糊推理和决策过程。它的控制形式简单、易于实现，对难以进行准确建模的系统可以很好地进行鲁棒控制。因此，将模糊控制与 PID 控制相结合，形成了具有 PID 参数自主整定的改进模糊 PID 控制。改进模糊 PID 控制可以克服经典 PID 控制在移动机器人运动速度快时超调量较大、响应时间较长的不足之处。因此，改进模糊 PID 控制也为恒压灌溉、热风炉温度等难以建模的非线性系统的控制器设计提供了一种方法。

2. 基于机器视觉的控制

基于机器视觉的控制需要建立机器人所处空间的三维坐标和环境信息的检测模型，然后进行移动机器人的路径规划和目标拾取任务。基于视觉的移动机器人控制算法描述：首先，完成机器人的自我定位；其次，在获取到机器人的位置和方向信息等定位信息后，控制系统给出决策，判断机器人的目标点并完成路径规划；最后，控制系统使用运动控制算法控制机器人移动到达目标点的速度。在这个算法中，需要对实时采集的视频信息进行处理，滤掉干扰和噪声，以获取目标物的图像信息。

根据反馈信息的类型，移动机器人的视觉伺服系统可分为基于位置的视觉伺服系统和基于图像的视觉伺服系统。基于位置的视觉伺服系统定义了机器人在三维空间内的视觉伺服误差，能直接控制机器人在三维空间内的运动。基于图像的视觉伺服系统缺少目标位置的反馈环节，仅适用于视觉投影关系相对简单的情况。

在移动机器人的视觉伺服系统中，由于机器人在不同位置向不同目标物运动时，获取到的图像特征存在多重解，故采用基于位置的视觉伺服系统，通过获取目标点相对于机器人的位置信息作为视觉伺服系统的期望目标输入，并与机器人的运动控制形成闭环系统。基于视觉的移动机器人控制能够根据图像信息获取机器人的位置信息，为机器人的路径规划缩短了时间，提高了系统的实时性。

3. 基于多传感器信息融合的控制

为了使移动机器人能够全面而准确地感知环境，移动机器人的传感器需要相互配合，以充分感知并获取环境信息。人们提出了一种多传感器信息融合的移动机器人控制方法，结合多个传感器获得的路径和距离信息，并采用模糊控制算法控制机器人的运动。

首先，要设计移动机器人系统的整体流程。在移动机器人的路径跟踪过程中，根据不同的环境，分别设置传感器的可信度；然后选择合适的传感器数据以获得与目标或障碍物的距离信息，并进行判断距离；最后使用模糊控制，控制机器人的运动以达到目标点并完成任务。

7.1.5 机器人控制系统的实际应用

以本书所涉及的管廊机器人为例，本节提供了一种管廊巡检机器人控制系统的实际应用方案。

巡检机器人的控制系统作为整个机器人的中央处理装置，其作用相当于人体的大脑。目前比较流行的控制系统为嵌入式系统。

嵌入式系统是一种专用的计算机系统，作为装置和设备的一部分。其与单片机的不同之处在于嵌入式有自己的操作系统，可以进行更复杂的数据处理，是单片机控制中的升级版；根据巡检机器人的设计要求，采用功能较为强大且体积较小的嵌入式控系统作为巡检机器人的主控系统。

如图 7-2 所示，挂轨巡检机器人运动控制系统由主控板，直流电机驱动器以及直流电机组成。

采用 STM32 F103 系列上控板作为机器人的主要控制单元。STM32 F103 系列上控板具有低能耗，高速度，高性能，低成本等特点。内核采用 ARM32 位 Cortex-M3CPU，最高工作频率 72 MHz，1.25DMIPS/MHz；存储器集成 32-512KB 的 Flash 存储器，6-64KB 的 SRAM 存储器；外部有 2.0~3.6 V 的电源供电和 I/O 接口的驱动电压，POR、PDR 和可编程的电压探测器（PVD），4-16 MHz 的晶振，内嵌出厂前调校的 8 MHz RC 振荡电路。内部 40 kHz 的 RC 振荡电路。用于 CPU 时钟的 PLL。带校准用于 RTC 的 32 kHz 的晶振；还有串行调试（SWD）和 JTAG 接口。

机器人电机驱动器采用最常用的 L298 N。它作为电机驱动的基础有以下几个性能特点：（1）可实现电机的正反转和调速功能；（2）启动转矩大，性能好；（3）工作电压最高可达到 36 V，电流可达到 4 A；（4）可以同时驱动两台直流电机；（5）非常适用于智能小车以及机器人的设计。

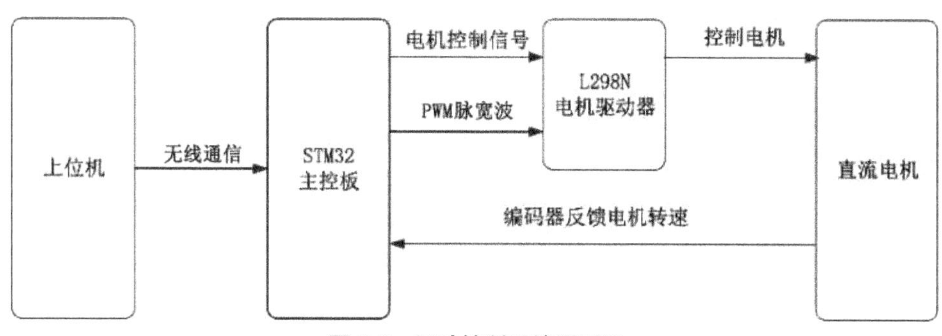

图 7-2　运动控制系统原理图

由图 7-2 可知，上位机与 STM32 主控板通过无线通信进行连接，主控板通过 I/O 端口与 L298 N 电机驱动器连接，L298 N 直接与直流电机相连，最后直流电机的编码器与 STM32 主控板通过 I/O 端口相连。具体工作过程如下：

（1）控制系统发送控制指令；

（2）STM32 主控板接收指令，并向 L298N 电机驱动器发送控制信号，控制电机的正反转，同时发送 PWM 脉宽波控制电机转速；

（3）直流电机编码器将电机实时转速以信号的形式反馈到 STM32 主控板，STM32 主控板根据两个转速进行比较，通过改变 PWM 脉宽波达到转速调节目的；

（4）两个直流电机等转速运行。

7.2　机器人的远程操控

以本书所提及的方案为例，综合管廊机器人的远程操控主要依赖于完善的综合管廊监控系统管理平台，该平台的拓扑结构如图 7-3 所示。整个系统分为三级，中央控制室在远程端对管廊机器人发送指令，控制管廊机器人的运动，指令通过公网传输（5G/4G/WIFI）到达执行设备，将执行设备与远程控制终端连接成一个整体。

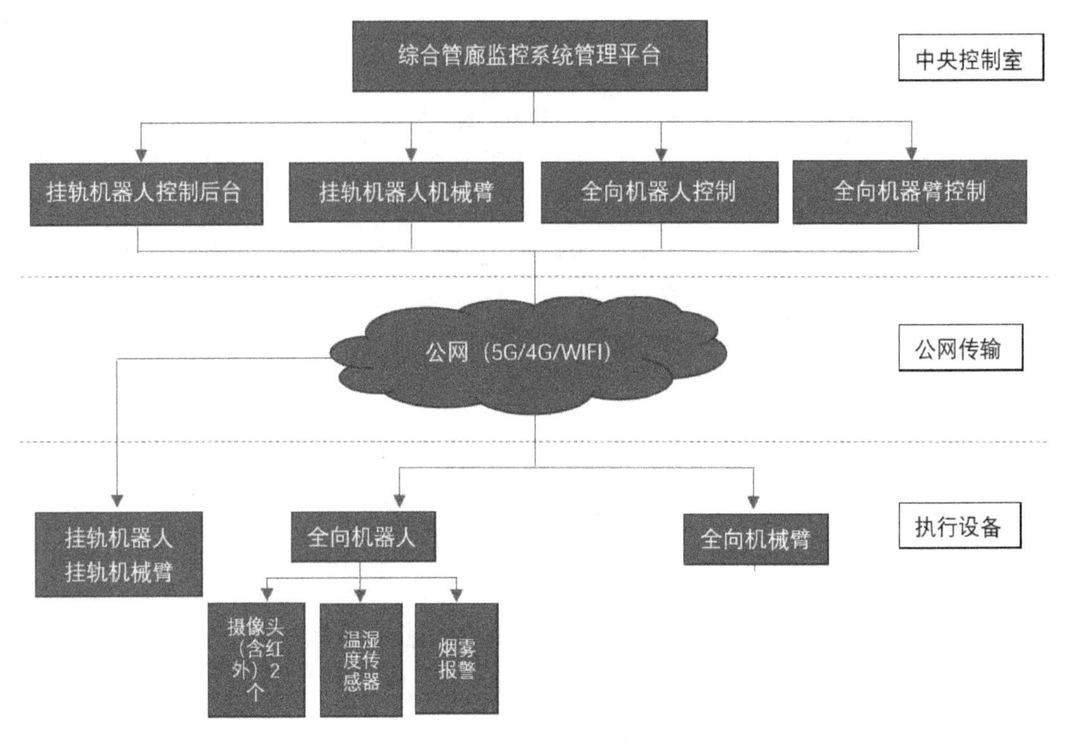

图 7-3 综合管廊监控系统拓扑图

7.2.1 机器人管理平台总体设计

机器人管理平台可实现对机器人控制管理、数据采集、数据处理、实时显示等功能。

机器人控制管理：分为遥操作控制、自动控制和遥操作与自动控制相结合三种方式。

数据采集：采集机器人现场的相关数据（机器人状态，环境数据，检测数据等）。管廊机器人作为一个多功能的系统，涉及到各种设备和系统之间的数据交换，这些数据包括环境感知系统获取的环境和自身数据、主控系统所做出的决策数据、执行机构的反馈数据等，要实现数据采集需要多模块整合，考虑到各种主体之间的差异性，数据传输的方式分为三种：包括网络交换机、CAN/485 总线和无线 AP（Access Point，接入点）。网络交换机通信：车载机械臂模块、泄漏检测模块、环境感知摄像头、定位模块接入网络交换机，通过网口与主控器进行通信。总线通信：信息感知模块、执行模块、电源管理模块等需要由主控器直接进行控制的部分接入 485 或 CAN 总线与主控器进行本地通信。无线 AP：主控器经由无线 AP 接入城市轨道无线网络，实现远端和轨道巡检车的数据交换。

数据处理：将采集到的数据进行统一存储，通过特定算法处理不同的数据。

实时显示：在在集中控制中心大屏进行动态的数据呈现（机器人状态、环境参数、检测结果、报警信息、现场视屏、地理信息等），实时信息如图 7-4 所示。

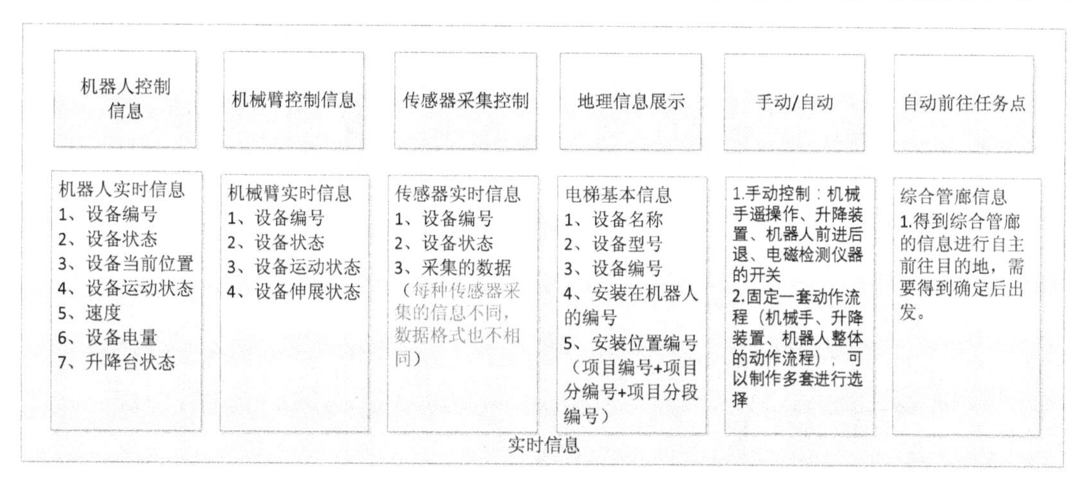

图 7-4　机器人实时信息显示

7.2.2　管廊机器人远程控制的实际应用

以管廊中的实际检测维护工作为例，管廊机器人需要对特定位置进行检测，工作人员在中央控制室完成远程操控作业。管廊机器人的总体控制如图 7-5 所示，操作人员在中央控制室观看大屏幕视频监控，下达指令操控机器人前进到防火门位置，并通过指令打开防火门对管廊机器人放行。操作人员继续对管廊机器人下达指令前进到集水坑位置，运行过坑辅助装置后前往待检测位置，远程操控管廊机器人的机械臂对待检测位置进行检测。随后，操作人员再以相反步骤操控管廊机器人返回。

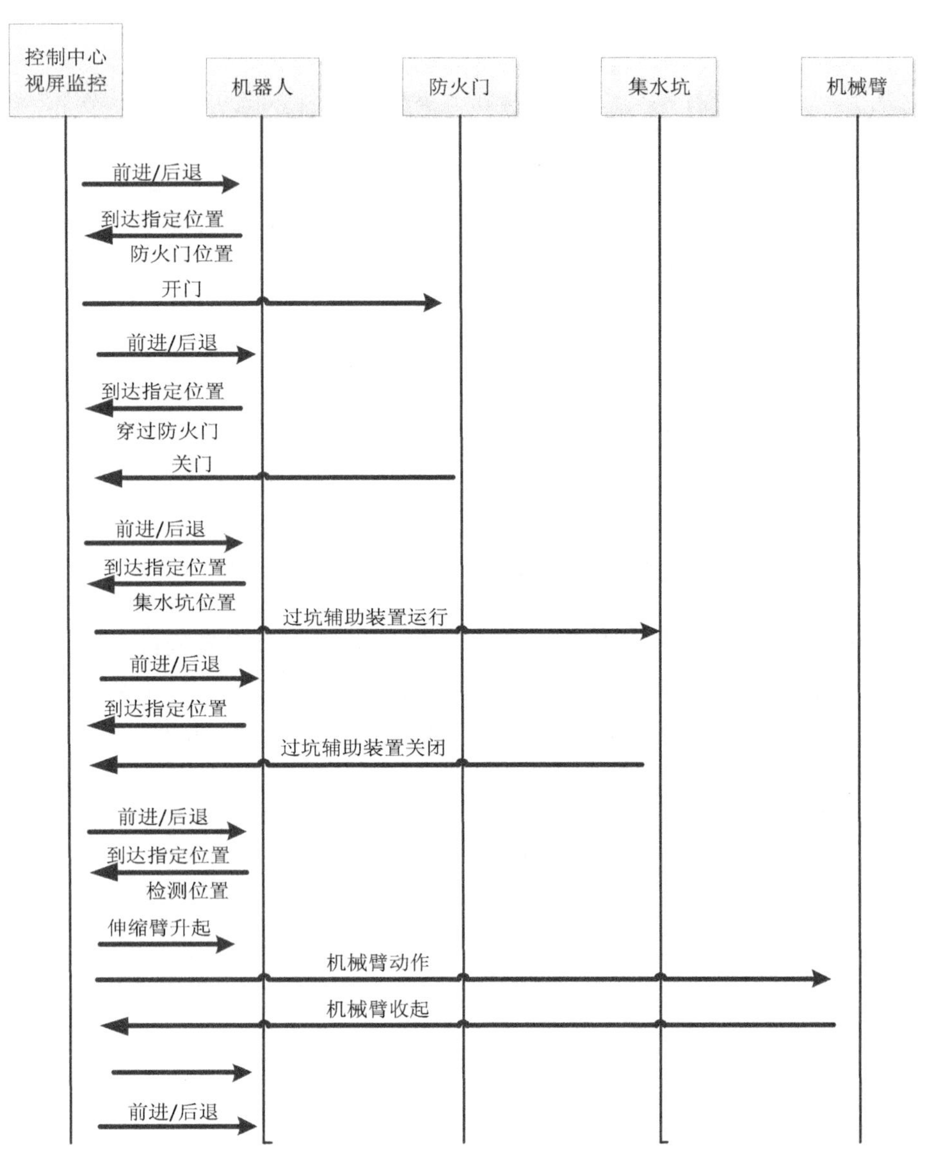

图 7-5 管廊机器人的总体控制

第 8 章　管廊机器人管理服务器

8.1　机器人管理服务器架构

后台管理服务器是智能管廊巡检机器人的重要组成部分,管理服务器系统是智能管廊巡检机器人的核心,可以控制机器人进行远程的巡检任务。智能管廊巡检机器人后台管理服务器架构自下而上分为三层:数据采集层、存储层、控制层。数据采集层用以测量和采集管廊的温度、压力、流量等状态参数以及管线的运行参数和环境参数。存储层用以存储大量数据,数据是管理服务器的核心,所有工作都围绕数据展开,数据存储是对移动机器人实时运行数据的存储,以及客户端访问数据监控中心的访问信息数据的存储。控制层用于控制机器人的操作方式,这三层共同构成一个自主分析、自主预警、自动控制等多功能的系统。详细结构如图 8-1 所示

8.2　机器人管理服务器功能

智能管廊巡检机器人管理服务器可以对机器人进行控制管理,实现数据采集、数据处理、实时显示等功能。

机器人控制管理:分为遥操作控制、自动控制和遥操作与自动控制相结合三种方式;数据采集:可进行数据接收,采集机器人现场的相关数据(机器人状态,环境数据,检测数据等)传输至后台;数据处理:将采集的数据进行统一的存储、通过特定算法处理不同的数据;实时显示:在集中控制中心大屏进行动态的数据呈现(机器人状态、环境参数、检测结果、报警信息、现场视屏、地理信息等)。

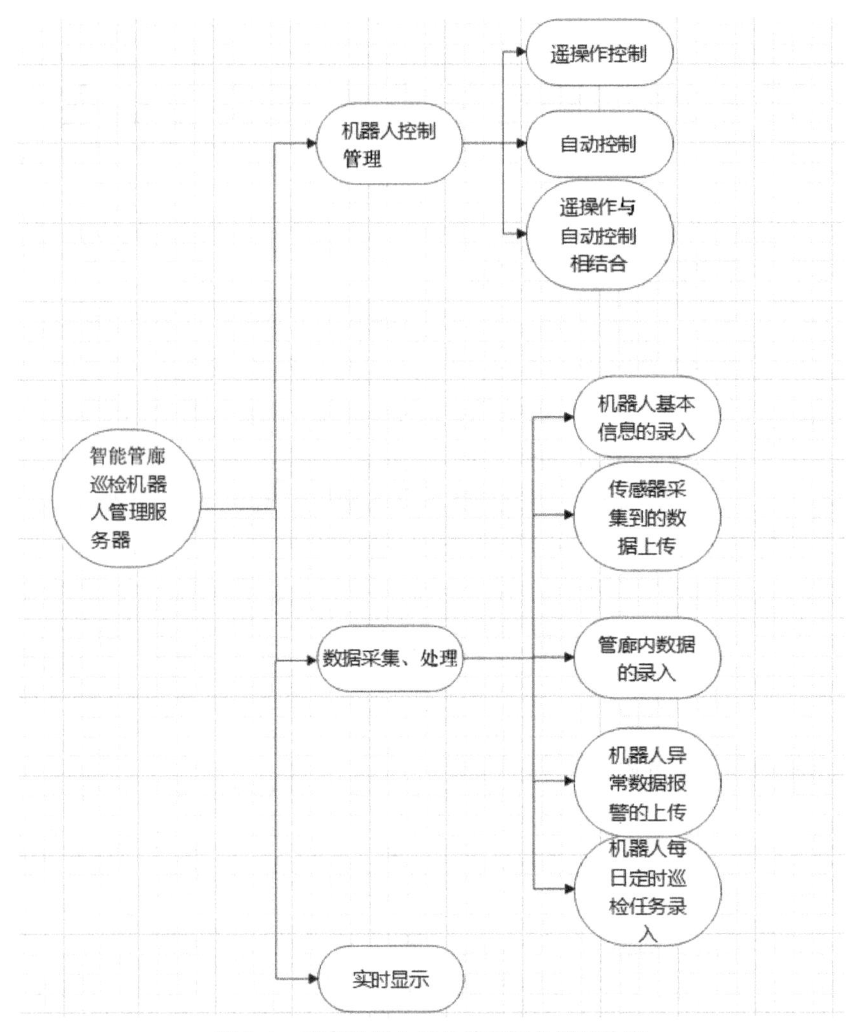

图 8-1 管廊机器人后台管理服务器架构图

8.2.1 机器人控制管理

机器人控制管理包含机器人本体控制、机械臂控制、机器人行走辅助控制、检测系统采集控制。控制方式有以下 3 种。

(1)遥操作控制:机器人上搭载机械臂,由工作人员在控制台上操控。控制台操作的指令会由后台软件发送到机器人的机械臂上,机械臂上的系统接收到此指令,开始运行。

(2)自动控制:编制机器人巡检的动作流程(机械手、升降装置、机器人整体的动作流程),可在后台预先编制多套自动控制方案,机器人根据每日的定制任务,进行自动巡检。

(3)自动控制与遥操作控制相结合:机器人通过自动控制的控制方式前往任务点,到达任务位后启动遥操作控制完成巡检任务。

8.2.2　数据采集、处理及界面信息

智能管廊巡检机器人作为一个多功能的系统，涉及各种设备和系统之间的数据交换，这些数据包括环境感知系统获取的环境和自身数据、主控系统所做出的决策数据、执行机构的反馈数据等。包含了项目基本信息、机器人的基本信息、机器人行走辅助电梯信息、机械臂的基本信息、检测系统基本信息、地理信息、报警信息、图像信息等。

表 8-1　轨道检测机器人数据传输系统设备选型

名称	型号	备注
网络交换机	TP-LINK TL-SG1008M	8 口千兆端口
无线 AP 中继器	AolKee AOK-2611AP	

机器人数据的存储包含：机器人基本信息的录入，传感器采集到的数据的上传，机器人定位数据的录入，机器人自动巡检数据的录入。

1）机器人基本信息的录入

机器人的基本数据主要包含：名称、编号、型号、运动状态、电量、当前位置、mac 地址、ip 地址。

机器人基本数据：①静态数据：名称、编号、型号、mac 地址、ip 地址，其中 mac 地址用来识别是哪一台机器人，ip 地址是与机器人搭载的设备建立连接的，用来判断机器人搭载的设备是哪一台机器人上的，ip 地址可以在同一网络下进行网段端口映射来实现。②动态数据：运动状态、电量、当前位置，其中当前位置根据机器人行走至管廊中定位标签的位置而实时变化，并且上传数据库。数据库存储数据的频率可以为 1 s/ 次，后期可以调整。

机器人基本信息录入实现方式：由工作人员在机器人软件界面手动输入机器人的编号、型号、名称、mac 地址、ip 地址等，并将录入的数据上传数据库。工作人员控制机器人时，会发送一条运行指令，此时机器人运动状态为运行，后台软件识别到此命令时，会将数据库中的运行状态变更为运行；机器人运行到指定位置时，会发送一条停止的命令给后台软件，此时后台软件会将运行状态变更为停止。当前位置会根据机器人激光扫描到的定位标签的位置，将此定位标签发送给后台软件，后台软件会将此定位标签的位置存入数据库。机器人的电量每一次发生变化时，会将电量信息发送给后台软件，后台软件会将此电量信息存入数据库。

表 8-2　机器人基本数据格式定义

数据名称	数据格式	说明
机器人名称	字符	
机器人型号	字符	
机器人编号	字符	
机器人运动状态	字符	动态数据，判断机器人运动或停止

续表

数据名称	数据格式	说明
机器人电量	数值	动态数据
机器人当前位置	字符	动态数据,根据定位磁贴变化
机器人 mac 地址	字符	识别机器人
机器人 ip 地址	字符	识别机器人上搭载的设备
创建时间	日期	用以记录到达当前位置的时间

2)传感器采集到的数据的上传

(1)传感器采集到的数据主要包含:氧气浓度、一氧化碳浓度、硫化氢浓度、甲烷浓度、声音能量值、电磁测量的厚度、烟雾浓度、温度、湿度、红外摄像数据、可见光摄像数据、异常数据、即将可能发生的异常数据、ip 地址等。

(2)传感器中静态数据:ip 地址,ip 地址可以识别为哪台机器人上搭载的设备。动态数据:氧气浓度、一氧化碳浓度、硫化氢浓度、甲烷浓度、声音能量值、电磁测量的厚度、烟雾浓度、温度、湿度、红外摄像数据、可见光摄像数据、异常数据、即将可能发生异常的数据。数据库储存的速率可以为 1 s/ 次,与机器人添加位置信息的频率保持一致。

(3)传感器采集到的数据的上传实现方式:机器人传感器采集到信号,通过机器人上的软件系统转化为数据源,通过 tcp/ip 发送至后台系统。后台系统根据采集到的信号,每一秒在数据库中新增一条信息。当后台软件接收到异常或者可能发生异常信息时,会将记录此信息激光扫描到的定位标签的位置上传至数据库。当此时间段连续保存至数据库的信息为异常信息时,后台系统将会发送一条提示报警指令。

(4)传感器采集到数据传入的格式定义。

表 8-3 传感器采集到数据传入的格式定义

数据名称	数据格式	说明
ip 地址	字符	识别机器人
氧气浓度	数值	
氧气浓度异常位置	字符	机器人当前位置
氧气浓度可能发生的异常位置	字符	机器人当前位置
一氧化碳浓度	数值	动态数据
一氧化碳浓度异常位置	字符	机器人当前位置
一氧化碳浓度可能发生的异常位置	字符	机器人当前位置
硫化氢浓度	数值	
硫化氢浓度异常位置	字符	机器人当前位置
硫化氢浓度可能发生的异常位置	字符	机器人当前位置
甲烷浓度	数值	
甲烷浓度异常位置	字符	机器人当前位置

续表

数据名称	数据格式	说明
甲烷浓度可能发生的异常位置	字符	机器人当前位置
声音能量值	数值	
声音能量值异常位置	字符	机器人当前位置
声音能量值可能发生的异常位置	字符	机器人当前位置
电磁测厚的厚度	数值	
电磁测厚的厚度异常位置	字符	机器人当前位置
电磁测厚的厚度可能发生的异常位置	字符	机器人当前位置
烟雾浓度	数值	
烟雾浓度异常位置	字符	机器人当前位置
烟雾浓度可能发生的异常位置	字符	机器人当前位置
温度	数值	
温度异常位置	字符	机器人当前位置
温度可能发生的异常位置	字符	机器人当前位置
湿度	数值	
湿度异常位置	字符	机器人当前位置
湿度可能发生的异常位置	字符	机器人当前位置
红外摄像数据	字符	
红外摄像数据异常位置	字符	机器人当前位置
红外摄像数据可能发生的异常位置	字符	机器人当前位置
可见光摄像数据	字符	
可见光摄像数据异常位置	字符	机器人当前位置
可见光摄像数据可能发生的异常位置	字符	机器人当前位置
创建时间	日期	与机器人数据创建日期对应

3)管廊内数据的录入

(1)管廊内数据的录入主要包含:防火门位置、防火窗位置、逃生口扶梯位置、集水坑位置、监控摄像头位置,机器人扫描到的物体名称。

(2)管廊内静态数据主要包含:ip 地址,主要用以识别是哪一台机器人,防火门位置,防火窗位置、逃生口扶梯位置、集水坑位置、监控摄像头位置,主要是机器人扫描到的定位标签的位置,机器人扫描到的物体名称。

(3)管廊内数据录入实现方式:工作人员在后台监控机器人运行,将机器人激光扫描到的物体,根据定位标签的位置,手动录入此物体的名称以及位置,软件系统将会保存至数据库。

(4)机器人定位数据上传的数据格式定义

表 8-4

数据名称	数据格式	说明
ip 地址	字符	识别机器人
机器人扫描到的物体名称	字符	根据现场手动录入
防火门位置	字符	通过定位标签识别
防火窗位置	字符	通过定位标签识别
逃生口扶梯位置	字符	通过定位标签识别
集水坑位置	字符	通过定位标签识别
监控摄像头位置	字符	通过定位标签识别

4)机器人异常数据报警的上传

(1)机器人异常数据报警的上传主要包含:传感器名称、报警值设定、预警值设定、报警位置、报警时间节点、ip 地址。

(2)机器人异常数据报警的静态数据主要包含: ip 地址、报警值设定、预警值设定。动态数据主要包含:传感器名称、报警位置、报警时间节点。机器人检测到异常数据的预警或者报警,是根据采集到的数据,在连续的时间内高于预警值或者报警值,来确定此数据为异常值,从而上传数据,提示工作人员。时间节点可以是在 3 s 内连续采集到的异常的数据。

(3)机器人异常数据报警上传的实现方式:由工作人员手动录入机器人搭载的传感器的名称,并且录入对应的传感器的报警值以及预警值,并且此数据会通过后台软件存储至数据库。当机器人搭载的传感器连续检测到的数据超过该传感器的预警值时,则机器人会将传感器的名称、位置、时间段发送给后台软件,保存至数据库。数据库中检测到此异常,会通过后台软件发送到控制台,提示工作人员。

(4)机器人异常数据报警上传的数据格式定义

机器人异常数据报警上传的数据格式定义如表 8-5 所示。

表 8-5 机器人异常数据报警上传的数据格式定义

数据名称	数据格式	说明
ip 地址	字符	识别机器人
传感器名称	字符	
传感器报警值的设定	字符	
传感器预警值的设定	字符	
报警位置	字符	通过定位标签识别
报警时间节点	字符	

5)机器人每日定时巡检任务录入

(1)机器人每日定时巡检任务录入数据包含: ip 地址, mac 地址,机器人名称,任务开启的时间,任务开始的位置,任务结束的位置。

（2）机器人自动巡检任务为静态数据，需要工作人员手动录入，用来确认机器人每日定时自动工作的内容，期间传感器采集到的数据会自动上传。

（3）机器人每日定时巡检任务录入实现：工作人员手动输入好机器人的名称、mac 地址、任务开启的时间、任务开始的位置、任务结束的位置，通过后台软件将数据保存至数据库。每日后台系统会根据指定的时间发送命令给机器人，机器人接收到此命令，将会自动运行，开始任务。

（4）机器人每日定时巡检任务数据格式定义

表 8-6　机器人每日定时巡检任务数据格式定义

数据名称	数据格式	说明
ip 地址	字符	识别机器人上搭载的传感器
Mac 地址	字符	识别机器人
机器人名称	字符	
定时任务开始的时间	日期	
任务开始的位置	字符	通过定位标签识别
任务结束的位置	字符	通过定位标签识别

8.2.3　机器人可视化页面展示设计

控制栏：控制栏上有四个按钮，作用分别是气体检测软件，电磁测厚检测软件，声音检测检测软件，光照检测软件。

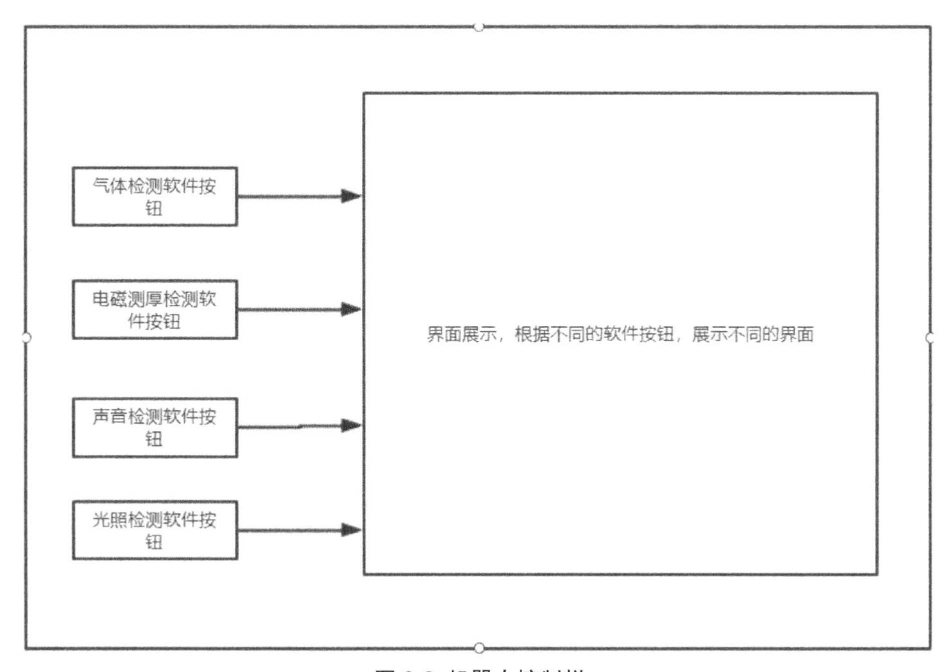

图 8-2 机器人控制栏

机器人信息:显示当前被遥控的机器人的信息,包括机器人 ID、运行状态、设备信息、设备参数。

机器人列表:通过读取配置文件,显示机器人列表。在此可以选择需要被遥控的机器人。

作业信息:显示当前作业的信息,包括管廊中信息 、线名、路段、方向、里程等。

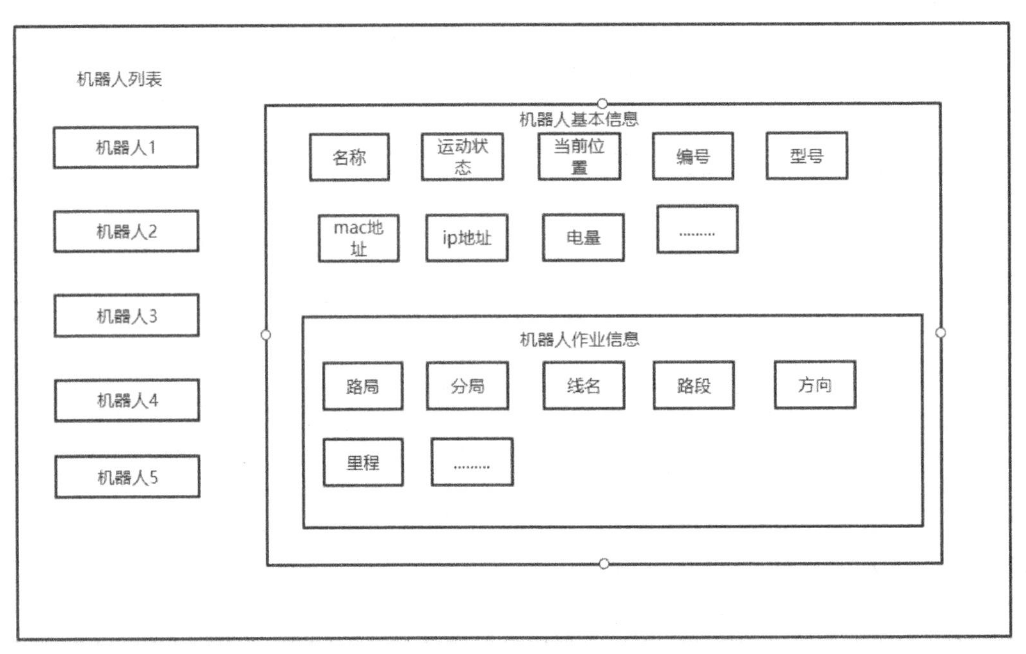

图 8-3 机器人列表

视频回放:在此显示机器人的视频回放。

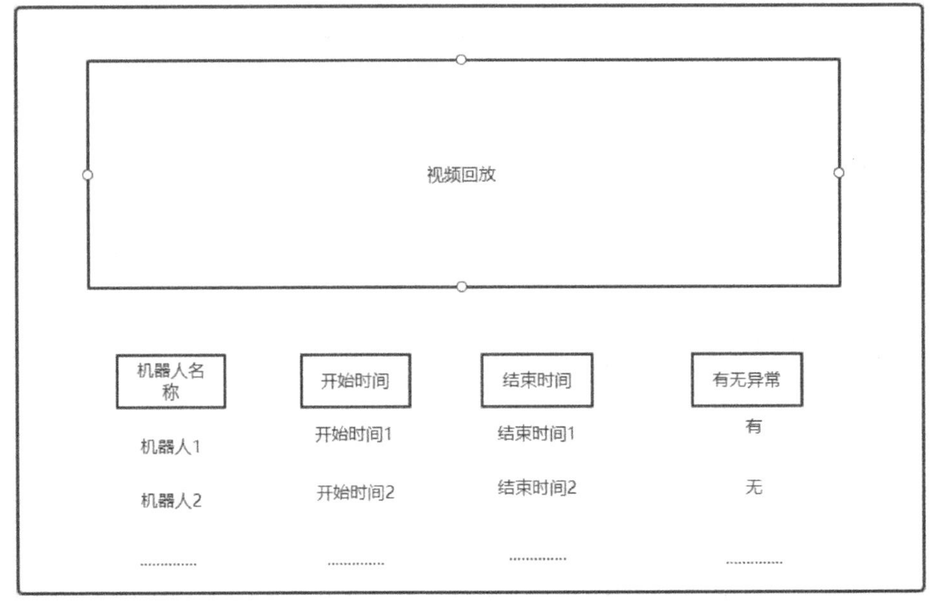

图 8-4 机器人视频回放

视频监控:在此显示机器人的视频监控。

控制面板:与机器人控制台功能一致,通过软件控制机器人的对讲系统、照明、工作灯、声音、机械臂等。

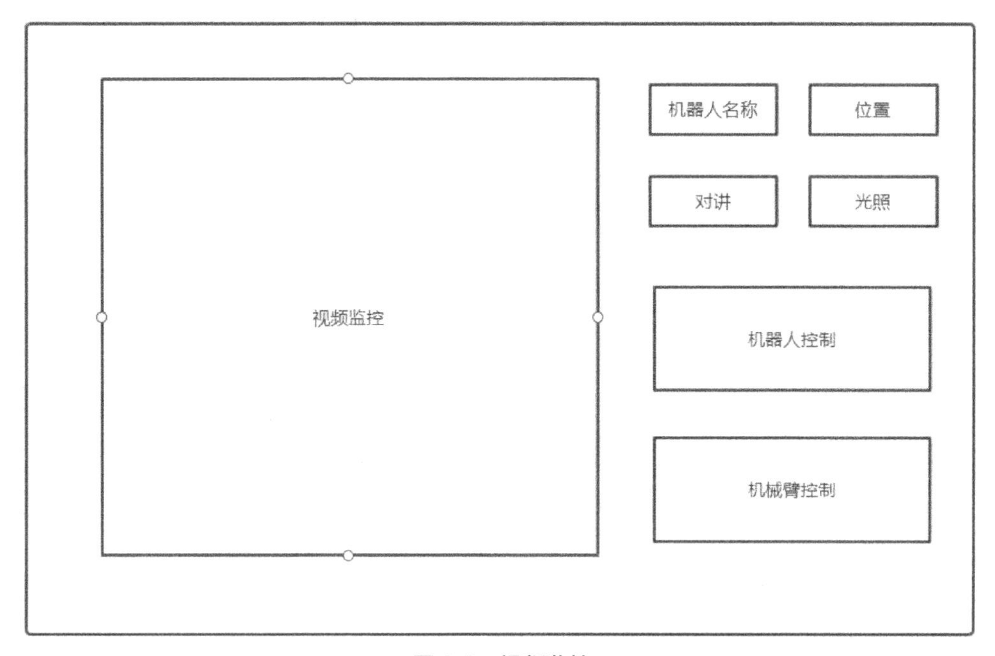

图 8-5　视频监控

8.2.4　可视化界面可提供以下功能

1)选择机器人

目前共有两种巡检机器人需要远程监控,控制中心可以选择不同场景下的不同机器人进行远程单独控制。

2)基本信息显示

基本信息显示包含项目的基本信息、机器人的基本信息、机械臂的基本信息、传感器的基本信息、地理信息。

3)设备实时控制显示

设备实时控制信息包含机器人控制信息、机械臂控制信息、传感器采集控制信息、手动/自动控制、自动前往任务点、地理信息控制。

4)显示当前检测信息

激光雷达测距信息、超声波检测信息、电磁检测信息、扣件缺失检测信息、相控阵检测信息。

5)报警显示

报警显示包含红外异常显示、机器人自身故障显示、机械臂故障显示。

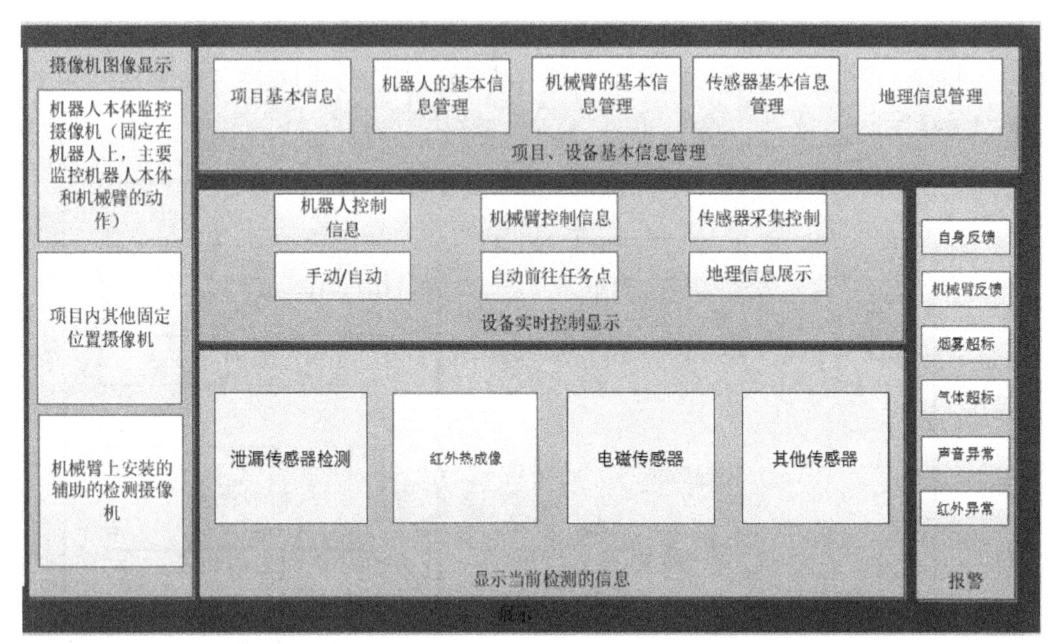

图 8-6 中控界面信息

6）管理基本信息

管理基本信息如图 8-7 所示。

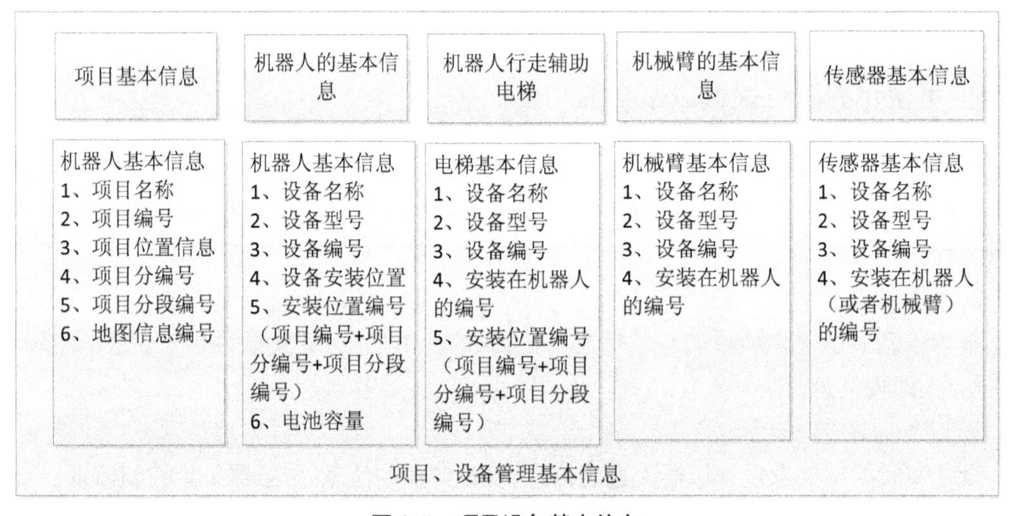

图 8-7 项目设备基本信息

7）实时信息

实时信息如图 8-8 所示。

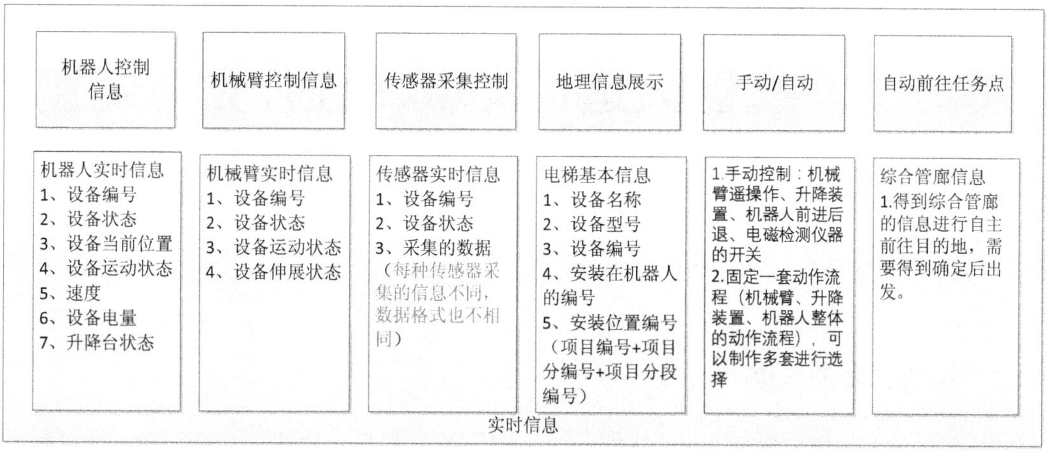

机器人控制信息	机械臂控制信息	传感器采集控制	地理信息展示	手动/自动	自动前往任务点
机器人实时信息 1、设备编号 2、设备状态 3、设备当前位置 4、设备运动状态 5、速度 6、设备电量 7、升降台状态	机械臂实时信息 1、设备编号 2、设备状态 3、设备运动状态 4、设备伸展状态	传感器实时信息 1、设备编号 2、设备状态 3、采集的数据（每种传感器采集的信息不同，数据格式也不相同）	电梯基本信息 1、设备名称 2、设备型号 3、设备编号 4、安装在机器人的编号 5、安装位置编号（项目编号+项目分编号+项目分段编号）	1.手动控制：机械臂遥操作、升降装置、机器人前进后退、电磁检测仪器的开关 2.固定一套动作流程（机械臂、升降装置、机器人整体的动作流程），可以制作多套进行选择	综合管廊信息 1.得到综合管廊的信息进行自主前往目的地，需要得到确定后出发。

实时信息

图 8-8　实时信息

第 9 章　机器人运行环境、轨道、充电装置

9.1　运行环境

9.1.1　综合管廊的发展

综合管廊是指可以容纳电力、通信、供水、燃气等多种市政管线的地下管廊。由于管线被集中布置在管廊中，便于管线检查、维修与更换，是一种能有效保证管线安全的措施，可以避免传统方法带来的路面开挖引发交通堵塞等一系列城市公共安全问题。图 9-1 所示为正在施工中的城市地下综合管廊。地下综合管廊是城市基础设施建设的重要组成部分，不仅可以逐步消除“马路拉链”“空中蜘蛛网”等城市弊病，还可用好地下空间资源、提高城市综合承载能力。

图 9-1　城市地下综合管廊（施工中）

综合管廊的历史可以追溯到罗马帝国时代，当时人们在下水管道中就已经设置了供水管道。1855 年，豪斯曼的巴黎城市公用事业系统改革计划，将巴黎下水道设计成一个可供人使用的管廊，能够整合城市其他管线，成为现代综合管廊的雏形。随后，综合管廊在许多

国家得到较大规模的发展。英国、西班牙、俄罗斯、瑞典和芬兰等欧洲国家相继开始建设综合管廊。日本在 1963 年也制定了相关法规，有效推动了综合管廊的建设。至 2001 年，日本全国已兴建超过 600 km 的综合管廊，是世界上综合管廊规划最完整，法规最完善，技术最先进的国家。2015 年，中国政府出台了一系列政策来促进综合管廊的建设。随后，在一年时间内，中国 69 个城市建设的综合管廊就已经达到了 1 000 km。

9.1.2　综合管廊的环境特点

综合管廊整体布置于地面浅层土壤内，覆土深度为 0.7~2.5 m，雨季往往整体位于地下水位之下，管廊四周土壤潮湿，对结构主体的防水性能要求较高，而结构主体的防水性能对各入廊专业管线的安全运行以及附属设施的正常运行影响较大。管廊的结构主体由标准断面段及变电所、通风口、投料口、引出口、交叉口等特殊节点组成。标准断面段结构施工采用预制拼装方式时，约每 2 m 需设有一处拼接缝；采用混凝土现浇方式时，一般每 30 m 设置一处变形缝，变形缝处设置密封橡胶圈密封。变形缝的密封性能以及结构内、外防水性能受产品质量、施工方法及施工质量的影响较大。

综合管廊属于地下封闭空间，通风条件差，为了保证管廊内管道、设备正常运行及维护人员的安全，需要对管廊内进行通风换气，及时排出管廊内部废气及余热，确保管廊内部温度不大于 40 ℃，氧气体积含量不小于 19.5%，污水管道舱及燃气管道舱有害气体不超过规定数值。当管廊内发生火灾时，能协助控制火势蔓延，火灾后能排出有毒气体，送入新鲜空气。为此，综合管廊内部在每一个防火分区设立一个独立的通风分区，通风设备与监控报警系统联动。在正常情况下，通风系统采取间接节能运行模式；维护巡检情况下，需提前启动风机，使管廊内温度、湿度、氧气达到安全数值，确保维护人员安全；异常报警情况下，管廊内温度过高、燃气和废气密度过大时，报警系统发出警报，同时联动相关区域通风设备立即启动，强制进行通风换气；火灾情况下，消防联动控制器立即联动关闭发生火灾的防火分区及相邻分区的通风设备及电动防火阀，以确保该分区密闭，不让火灾蔓延，待确认火灾熄灭冷却后，重新启动该区及相邻区域的通风设备，打开防火阀，排出有毒有害气体，送入新鲜空气，确保进入现场消防及维护工作人员的安全。

综合管廊内部环境最大的特征在于气流组织相对复杂，且易受到外界环境的影响，主要体现在以下两个方面：① 管廊的廊道即风道，风道内设有大量的各类专业管线，且综合管廊沿道路延伸、弯曲；② 综合管廊全线设有较多的特殊节点，包括投料口、引出口、通风口、设备口等，据不完全统计，这些特殊节点相对综合管廊标准段的占比高达 30% 以上，这些节点或位于管廊顶板正上方与管廊连通，或节点处顶板局部抬高。既受限于综合管廊的结构，又要充分考虑工程造价及廊道的可利用空间，通风设计的难度较大，管廊中存在较多的通风不良处，且难以在设计阶段准确判断，管廊内的附属设施有时难免设置于通风不良处。

管廊建设在地下，空间狭小，通风条件差，热力管道、电力线缆、采光照明及其他设备产生的热量不易排出，导致管廊内温度与地面温差较大。夏季室外空气温度与管廊内空气温度相差近 10 ℃，特别是雨季，室外空气湿度已饱和，管廊通风时室外空气遇冷即在管道及附属设施设备表面凝结。目前,已投入运营的综合管廊普遍存在夏季管廊内长期空气湿度高,雨季长期空气相对湿度为100%的问题。综合管廊内未作防腐处理的金属安装辅材甚至在管廊投入运营前就已锈蚀,潮湿已成为综合管廊内管线安全运行最大的潜在威胁。

9.1.3 综合管廊的日常维护

1. 廊体维护

综合管廊属于地下构筑物工程,管廊的全面巡检必须保证每周至少一次,并根据季节及地下构筑物工程的特点,酌情增加巡查次数。对因挖掘暴露的管廊廊体,按工程情况需要酌情加强巡视,并装设牢固围栏和警示标志,必要时设专人监护。

巡检内容主要包括:各投料口、通风口是否损坏,百叶窗是否缺失,标识是否完整。查看管廊上表面是否正常,有无挖掘痕迹,管廊保护区内不得有违章建筑;对管廊内高低压电缆要检查电缆位置是否正常,接头有无变形漏油,构件是否失落,排水、照明等设施是否完整,特别要注意防火设施是否完善;管廊内,架构、接地等装置无脱落、锈蚀、变形;检查供水管道是否有漏水;检查热力管道阀门法兰、疏水阀门是否漏气,保温是否完好,管道是否有水击声音;通风及自动排水装置运行良好,排水沟是否通畅,潜水泵是否正常运行;保证沟内所有金属支架都处于零电位,防止引起交流腐蚀,特别加强对高压电缆接地装置的监视;巡视人员应将巡视管廊的结果,记入巡视记录簿内并上报调度中心。

根据巡视结果,采取对策消除缺陷;在巡视检查中,如发现零星缺陷,不影响正常运行,应记入缺陷记录簿内,据以编制月度维护小修计划;在巡视检查中,如发现有普遍性的缺陷,应记入大修缺陷记录簿内,据以编制年度大修计划;巡视人员如发现有重要缺陷,应立即报告公用事业服务中心和相关领导,并做好记录,填写重要缺陷通知单。运行管理单位应及时采取措施,消除缺陷,加强对市政施工危险点的分析和盯防,与施工单位签订“施工现场安全协议”并进行技术交底,及时下发告知书,杜绝对综合管廊的损坏。

日常巡检和维修中要重点检查管道线路部分的里程桩、保坎护坡、管道切断阀、穿跨越结构、分水器等设备的技术状况,发现沿线可能危及管道安全的情况;检查管道泄漏和保温层损害的地方;测量管线的保护电位和维护阴极保护装置;检查和排除专用通信线故障;及时做好管道设施的小量维修工作,如阀门的活动和润滑,设备和管道标志的清洁和刷漆,连接件的紧固和调整,线路构筑物的粉刷,管线保护带的管理,排水沟的疏通,管廊的修整和填补等。

2. 附属设施维护

综合管廊内附属系统主要包括控制系统、火灾消防与监控系统、通风系统、排水系统和照明系统等,各附属系统的相关设备必须经过有效及时的维护和操作,才能确保管廊内所有设备的安全运行。因此,附属系统的维护在综合管廊的维护管理中起着非常重要的作用。

控制中心与分控站内的各种设备仪表的维护需要保持控制中心操作室内干净、无灰尘杂物,操作人员定期查看各种精密仪器仪表,做好保养运行记录;发现问题及时联系公司相关自控专业技术人员;建立各种仪器的台账,来人登记记录,保证控制中心及各分控站的安全。

通风系统指通风机、排烟风机、风阀和控制箱等，巡检或操作人员按风机操作规程或作业指导书进行运行操作和维护，保证通风设备完好、无锈蚀、线路无损坏，发现问题及时汇报至公司的相关人员，及时修理。

排水系统主要是潜水泵和电控柜的维护，集水坑中有警戒、启泵和关泵水位线，定期查看潜水泵的运行情况，是否受到自动控制系统的控制，如有水位控制线与潜水泵的启动不符，及时汇报，以免造成大面积积水，影响管廊的运行。

照明系统的相关设备较多，有电缆、箱变、控制箱、PLC、应急装置、灯具和动力配电柜等设备。保证设备的清洁、干燥、无锈蚀、绝缘良好，定期对各仪表和线路进行检查，管廊内和管廊外的相关电力设备全部纳入维护范围。电力系统相关的设备和管线维护应与相关的电力部门协商，按照相关的协议进行维护。

火灾消防与监控系统中，要确保各种消防设施完好，灭火器的压力达标，消防栓能够方便快速地投入使用，监控系统安全投入。

以上设备需根据有效的设备安全操作规程和相关程序进行维护，操作人员经过一定的专业技术培训才能上岗，没有经过培训的人员严禁操作相关设备。同时，在综合管廊安全保护范围内，原则上应禁止排放、倾倒腐蚀性液体、气体，爆破，擅自挖掘城市道路，擅自打桩或者进行顶进作业以及危害综合管廊安全的其他行为。如确需进行的应根据相关管理制度制定相应的方案，经所属区公用事业服务中心和管廊管理公司审核同意，并在施工中采取相应的安全保护措施后方可实施。管线单位在综合管廊内进行管线重设、扩建、线路更改等施工前，应当预先将施工方案报管廊管理公司及相关部门备案，管廊管理公司派遣相应技术人员配合，确保管线变更期间其他管线的安全。

3. 控制中心维护

综合管廊控制中心是一个深度集成的自动化平台，它集成了环境与设备监控系统、视频监控系统、安防系统、火灾报警系统、语音通信系统、电力监控系统等子系统，为运营与维护人员提供了一个完整、统一的监控平台。

控制中心的维护包括日常维护及定期维护。日常维护是各子系统发生故障时及时维修。定期维护是整个控制中心定期（每季或每月）对整个系统的运行出现的问题进行维修及保养。

4. 综合巡查

入廊管线虽然避免了直接与地下水和土壤的接触，但仍处于高盐碱性的地下环境，因此对管线应当进行定期测量和检查。

用各种仪器发现日常巡检中不易发现或不能发现的隐患，主要有管道的微小裂缝、腐蚀减薄、应力异常、埋地管线绝缘层损坏和管道变形、保温脱落等。检查方式包括外部测厚与绝缘层检查、管道检漏、管线位移和土壤沉降测量和管道取样检查。

对线路设备要经常检查其动作性能。仪表要定期校验，保持良好的状况。紧急关闭系统务必做到不发生误操作。设备的内部检查和系统测试按实际情况，每年进行 1~4 次。汛期和冬季要对管廊和管线做专门的检查维护，主要包括检查和维修管廊的排水沟、集水坑、潜水泵和沉降缝、变形缝等的运行能力；检修管廊周围的河流、水库和沟壑的排水能力；维修管廊运输、抢修的通道；配合检修通信线路，备足维修管线的各种材料。

汛期到后，应加强管廊与管道的巡查，及时发现和排除险情；冬季维修好机具和备足材料；要特别注意回填裸露管道，加固管廊；检查地面和地上管段的温度补偿措施；检查和消除管道泄漏的地方；注重管廊交叉地段的维护工作。对于损坏或出现隐患的管线，要及时进行维修。管道的维修工作按其规模和性质可分为：例行性（中小修）、计划性（大修）、事故性（抢修），一般性维修（小修）属于日常性维护工作的内容。

5. 例行的维修工作

（1）处理管道的微小漏油（砂眼和裂缝）；检修管道阀门和其他附属设备。

（2）检修和刷新管道阴极保护的检查头，里程桩和其他管线标志。

（3）检修通信线路，清刷绝缘子，刷新杆号。

（4）清除管道防护地带的深根植物和杂草；洪水后的季节性维修工作。

（5）露天管道和设备涂漆。

6. 计划性维修工作

（1）更换已经损坏的管段，修焊穿孔和裂缝，更换绝缘层。

（2）更换切断阀等干线阀门；检查和维修水下穿越。

（3）部分或全部更换通信线和电杆。

（4）修筑和加固穿越跨越两岸的护坡、保坎、开挖排水沟等土建工程。

（5）有关更换阴极保护站的阳极、牺牲阳极、排流线等电化学保护装置的维修工程。

（6）管道的内涂工程等。

事故性维修指管道发生爆裂、堵塞等事故时，被迫全部或部分停产进行的紧急维修工程，亦称抢险。抢修工程的特点是，它没有任何事先计划，必须针对所发生的情况，立即采取措施，迅速完成。这种工程应当由经过专门训练，配备成套专用设备的专业队伍施工。必要的情况下，启动应急救援预案，确保管廊及内部管道、线路、电缆的运行安全。以上全部工作由管线产权单位负责，项目公司负责巡检、通报和必要的配合。

9.2 轨道布设

9.2.1 轨道安装

1. 轨道吊装

如图 9-2 所示，使用安装扣件进行安装，图上方为扣件，下方为轨道。其中 4 个膨胀螺栓平均承受载荷，满足静载荷 100 kg，动载荷 150 kg 的要求。

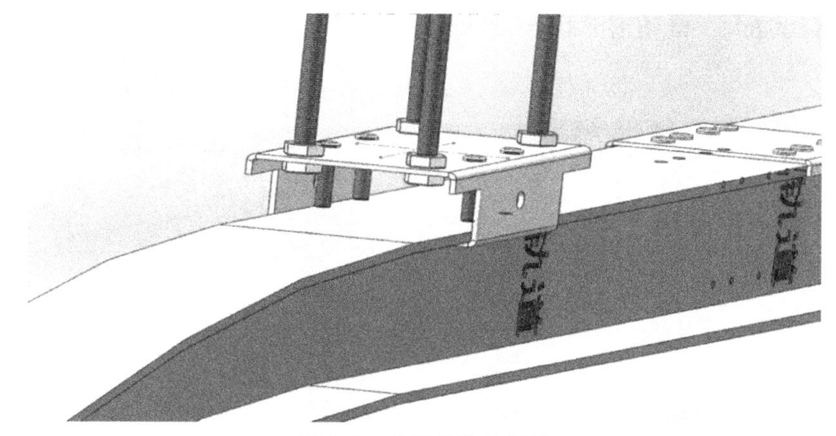

图 9-2　轨道吊装示意图

2. 轨道对接

如图 9-3 所示,两个独立的轨道间采用对接板进行轨道对接。

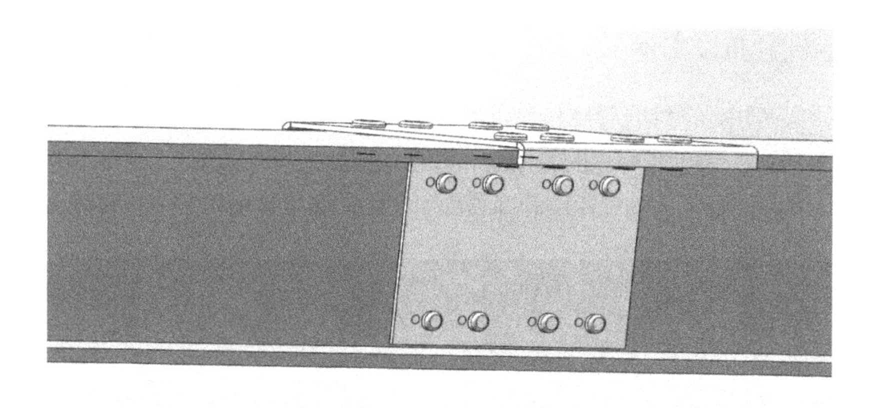

图 9-3　轨道对接图

3. 安装要求

（1）安装完成后轨道保持水平,无向一侧倾斜情况,轨道衔接处要平整无错位,如需左右或上下拐弯,弧形轨道拐弯半径建议大于 1 m。

（2）轨道与上顶的固定件须牢固,轨道不得出现摇晃现象,两个固定点间距离应小于 1 m,如图 9-4 所示。

（3）在管廊内处于居中位置安装,与上顶面保持一定距离,避免上面有障碍物或高度落差,影响轨道的水平度,须注意轨道左右两侧各 35 cm 范围内无障碍物阻止机器人通行。

（4）综合承重每 1 m 轨道不低于 200 kg。

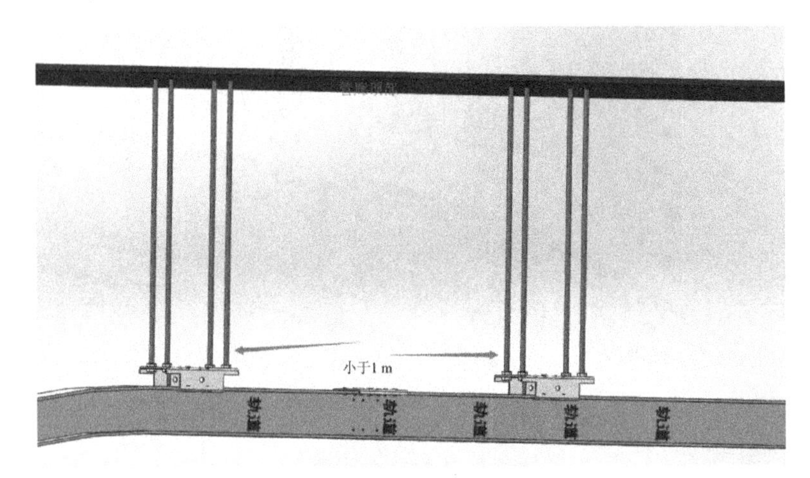

图 9-4 相邻固定点间距

9.2.2 实际轨道布设案例

本节以重庆南川地下综合管廊挂轨机器人轨道安装方案为例，详细介绍该项目中的轨道布设。如图 9-5 所示，由于管廊顶的摄像头和管廊顶层的管线支架影响，支架下部平面与管廊顶部的距离 650 mm，摄像头底部距离管廊顶部 405 mm，布设轨道时要避让摄像头。

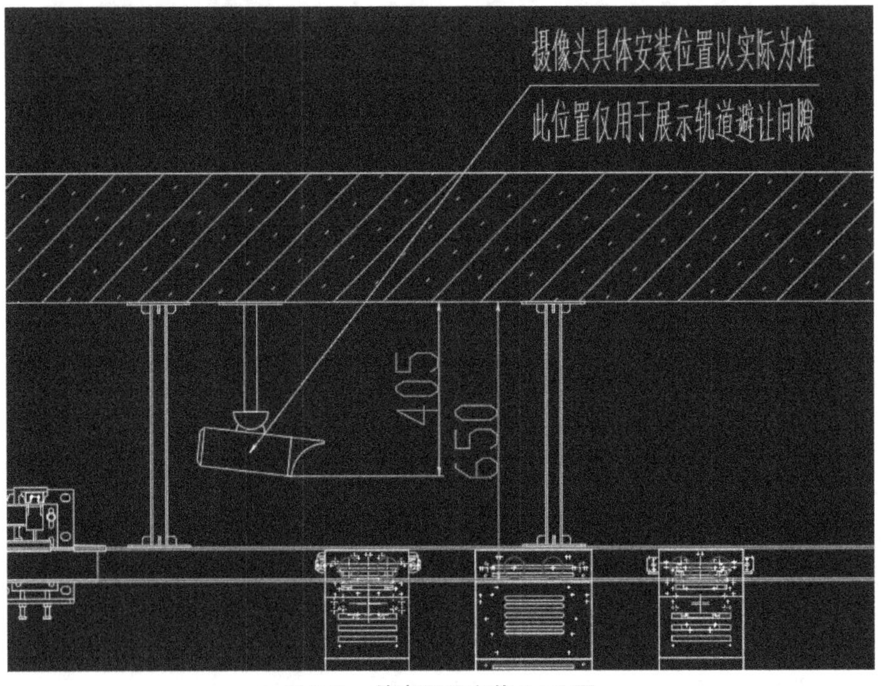

图 9-5 管廊顶层安装 CAD 图

（1）轨道选用 80 mm × 80 mm × 5 mm 的工字铝型材料制作，如图 9-6 所示。

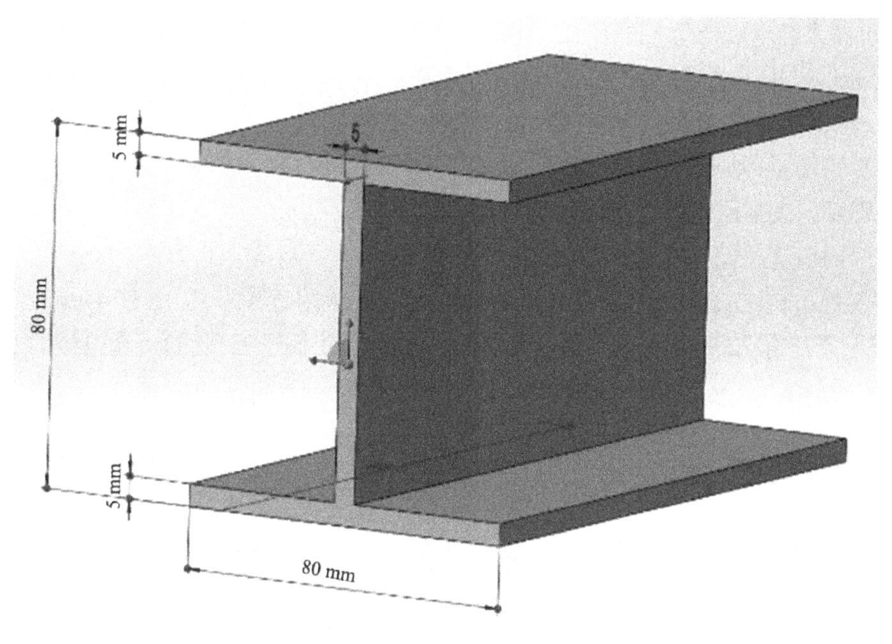

图 9-6　轨道尺寸三维图

轨道衔接处要平整无错位，安装完成后水平，无向一侧倾斜情况（轨道接缝处的误差控制在 2 mm 内），上下和左右拐弯处做平滑的弧形（拉弯或压弯加工方式），弧形轨道半径不小于 1 m。管廊内左右小幅度拐弯处，可切断长直轨道，用短轨道多次拼接，避免机器人转弯角度过大，影响机器人行走。

（2）轨道与上顶的固定件须牢固，轨道不得出现摇晃现象，两个固定点间距离 1.5 m，如图 9-7 所示。

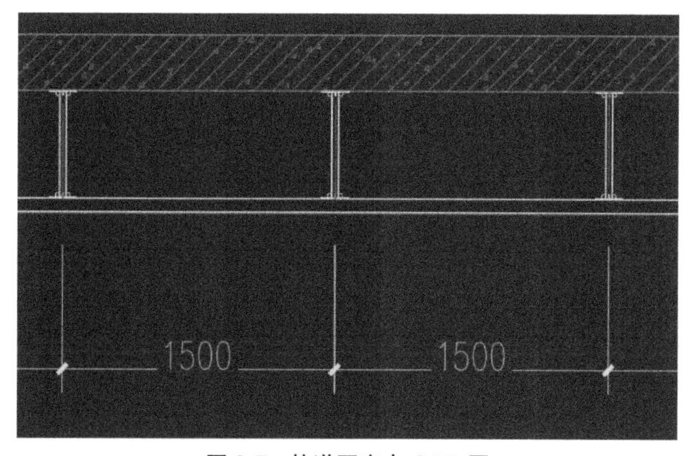

图 9-7　轨道固定点 CAD 图

（3）机器人行驶路径，应避开强酸碱、强腐蚀、强磁、高湿度、高温环境。

（4）综合承重每 1 m 轨道不低于 200 kg。

（5）现场无线网络至少 500M 带宽（802.11a/n 协议），AP 全路段无线覆盖布设 AP 热点，巡检机器人与 AP 热点之间通信采用加密无线网络进行通信传输，AP 热点与远程控制终端之间通信采用千兆光纤传输。管廊现场无线网络与机器人的调度指挥控制电脑处于同一网段互通，并且提供给维护方的网段为 192.168.1.** 网段。

（6）现场环境：无明显浮尘，温度：-10 ℃至 50 ℃，湿度：5%~95%（无冷凝水）。

（7）管廊内无强磁干扰，无强酸、强碱等腐蚀性。

（8）四周墙壁及设备外壳不得反光（需为哑光面）。

（9）放置吊轨式机器人的通道在轨道的供电设备间附近预留约 1 m×1 m 的开放空间并在轨道上方留有 220 V 5 A 以上的五孔插座。电源插头插于五孔插座，充电桩的底座安装于轨道上，螺丝固定，充电发射端根据实际情况调整位置与充电接收端对接。

9.3 充电桩布设

9.3.1 自动充电技术

现阶段，移动机器人的自动充电技术可以按照是否需要物理接触分为两种方式：接触式充电技术以及非接触式充电技术。接触式充电技术要求充电设备与电池之间有电气连接，而非接触式充电技术则主要是指感应充电技术等不需要传统的电气连接的充电技术。目前绝大部分的充电技术都是基于接触式的。

有线接触充电技术使用电缆线或金属作为能量传输介质来传输电能。这是最传统的电力传输方式，也是最主流、最常用的电池充电方式。这种充电方式成本较低，易于设计推广，操作简单，充电效率很高，充电功率大，非常适合给需要持续工作的管廊机器人供电。

虽然有线充电技术是目前的主流方案，但有线接触式充电也存在许多不足需要改进。传统的充电方式要求机器人与充电站之间必须有电气连接才能实现自主充电，但是接触式充电不可避免地存在安全隐患，同时也对机器人与充电站的对接有较高的精度要求。非接触感应充电技术可以有效解决传统接触式充电技术的缺点。到目前为止，无线非接触式充电技术可以分为三种，以电磁辐射形式进行无线充电的技术、以电磁共振形式进行无线充电的技术和以电磁感应形式进行无线充电的技术。

1. 电磁辐射无线充电技术

电磁辐射无线充电技术又叫作微波充电，是一种小功率无线充电方式。它主要由微波发射装置，传输天线，微波接收装置三大部分组成。其主要工作原理为：微波发射装置先将直流电转换成高频微波能量，并由发射天线发射出去；在较大的空旷空间传播后，通过接收天线接收到微波能量；最后再由微波接收装置将微波能量转换成直流电，为各个负载供电。微波充电定向性好，功率密度高，可实现一对多、任意方向、远距离的充电要求。

但是，微波能量的传输受到传输介质的影响，当遇到障碍物时会难以穿越，这就导致在使用微波充电时必须满足应用环境空阔，无障碍物干扰。不仅如此，微波能量的传输效率还会受到天气或者地形等其他因素的影响，而且高频高能的电磁波对人体和周边生物都会造成辐射。因此,电磁辐射无线充电技术无法在民用领域广泛运用,而是常用于空间发电和军事领域。

2. 磁耦合谐振无线充电技术

该充电技术建立在电磁共振理论的基础之上,主要由能量发送装置和能量接收装置两部分组成。其主要工作原理为:通过对能量发送装置和能量接收装置的线圈匝数或者大小进行适当调节,并以磁场为媒介实现耦合,使线圈之间产生谐振,这样能量就可以通过能量发送装置和能量接收装置的线圈之间的磁场的谐振耦合进行传递和运输。

但是,目前磁耦合谐振无线充电技术偏向理论化,缺乏对实际应用有定量指导意义的研究成果。同时,该技术传输功率较小,远远不能完成大功率能量传输,也存在能量损失较高的缺陷。

3. 电磁感应充电

电磁感应无线充电技术的发展相对成熟,运用较早,比如变压器,这是目前运用最广泛的无线充电技术,主要也是由发送装置和接收装置两部分组成。其主要工作原理为电磁感应的原理,即逆变器将初级直流电压逆变成交流电后通过发送装置进行发送,使接收装置的次级线圈产生相应的感应电动势和感应电流,从而将能量从发送端转移到接收端。这种充电方式的传输功率较大,效率比微波充电和磁耦合谐振充电都高,是目前最常用的无线充电方式。

但是,电磁感应式无线充电也存在很严重的缺点。首先该方式的传输距离非常短,一般都是厘米级,目前的运用都在 10 cm 左右。其次充电效率虽然比另外两种效率高,可依然只有 60%~80%,在实际应用中,依然是低效率充电。再次,电磁感右式无线充电还存在磁场泄漏的风险,线圈内若有杂物进入,就会产生涡流,存在安全隐患。

由于现场环境中移动机器人的充电要满足安全性、稳定性等工程指标,综合考量采用有线接触式充电仍是较为成熟的方案。

9.3.2　充电桩现场布设

目前充电桩的主要分类及说明如表 9-1 所示,本书中所提及案例采用的是室内专用充电桩。

表 9-1　充电桩分类表

方式	类别	功能
按充电方式	交流充电桩	为电动车车载充电机提供交流电源的供电装置
	直流充电桩	为电动汽车电池提供小功率直流电源的供电装置
	交直流一体充电桩	交直流一体式充电桩

续表

方式	类别	功能
按安装地点 （户外充电桩防护等级不应低于 IP54，户内不应低于 IP32）	公共充电桩	建设在公共停车场结合用车泊位，为社会车辆提供充电服务
	专用充电桩	建设单位或自有停车位，为私人或专人使用的充电桩
	便携充电桩	可携带便携式充电设备
按充电时间	快充（直流）	充电时间 30~120 分钟，输出功率大
	慢充（交流）	充电时间 5~8 小时，输出功率小
按充电接口数	一桩一充	一个充电桩对一辆电动车
	一桩多充	一个充电桩对多辆电动车
按盈利模式	服务费、增值服务	充电桩 + 商品零售 + 服务消费 充电 APP+ 云服务 + 远程智能管理 整车厂商 + 设备制造商 + 运营商 + 用户
	电力差价	
	国家补贴	

图 9-8 为自动充电硬件说明图，充电桩顶部有 LED 指示灯，可显示管廊机器人与充电桩的对接充电状态。充电桩和管廊机器人机身各装有红外镜片和电机，红外镜片用于管廊机器人与充电桩之间的精确定位，管廊机器人通过电极从充电桩获取电力。

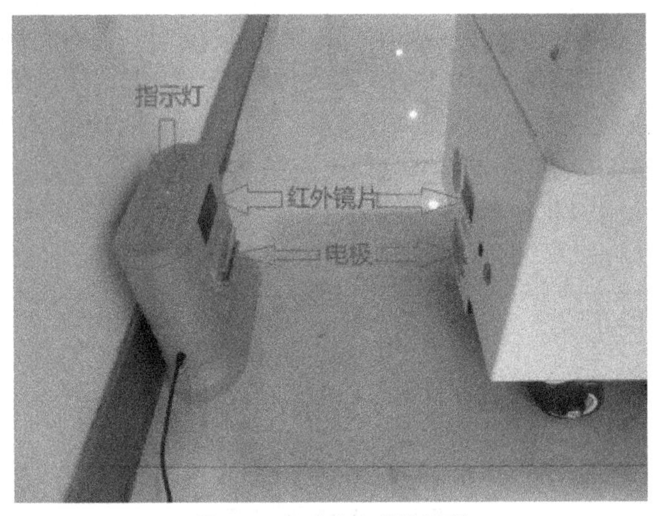

图 9-8　自动充电硬件说明

将充电桩置于本书第七章提及的离线地图范围内且靠墙放置，要求充电桩前 2 m 和两侧 1.5 m 范围内无障碍物，如图 9-9 所示。同时，充电桩放置位置避免潮湿、滴水、高温环境。如果有需多个充电桩摆放时，充电桩间隔不小于 1.5 m。

✕放置　　✔放置

图 9-9　充电桩摆放位置示意图

第 10 章　机器人可靠性技术及安全防护

10.1　机器人可靠性设计原则

可靠性是产品在规定时间、规定条件下完成规定功能的能力，可以粗略地说成是产品保持其性能稳定性的能力。可靠性经过多年发展已成一门独立学科，并涉及众多领域。主要有三个分支：一是可靠性数学，二是可靠性物理，三是可靠性工程。可靠性研究对象比较广泛，并且研究的内容是所有产品（系统）所具有的共性问题。一般可靠性是相对于系统而言的，系统可以看成一个集合，少了任何一个元素这个集合就不再是原来的集合了。因此系统的各个组成部分都不是多余的，他们按照某种组织顺序，彼此作用、依赖，共同组成一个具有特定功能的集合体。

随着自动化技术的发展以及工业机器人的应用，工业机器人可靠性问题被提上日程。国外学者 Haugan K M 在 1974 年发表了第一篇关于工业机器人可靠性的文章。我国工业机器人可靠性的研究相对较晚，冯佩芳在 1989 年发表的 Dhillon BS 的《机器人的可靠性与安全性》一文的中文翻译版，是国内工业机器人可靠性研究的开端。朱北园为了提高工业机器人可靠性，提出了对工业机器人组成元器件进行严格筛选的要求并提供了筛选原则。她建议对关键零部件进行故障模式及效应分析，以尽可能找出所有故障模式，方便维修。她还提出用故障树分析（Fault Tree Analysis，FTA）对工业机器人进行可靠性分析，找出其薄弱环节并进行改进。

经过国内外学者不断地研究创新，工业机器人可靠性研究方法得到不断的充实和完善。例如，李婷婷利用故障树分析法完成了对工业机器人智能抓取系统的可靠性研究；秦锋等采用概率有限元方法对工业机器人小臂进行了可靠性分析，并取得满意的结果；施维等用 FTA 和事件树分析法（Event Tree Analysis，ETA）对工业机器人系统进行可靠性分析，确定了工业机器人各组成单元故障对系统的影响，并给出了各组成单元的寿命分布类型和相应参数，结合蒙特卡洛抽样仿真算法对工业机器人系统进行可靠性评估，为工业机器人系统可靠性分析提供了有效的方法；Hamed Fazlollahtabar 在故障树分析法（Fault Tree Analysis，FTA）的基础上，结合可靠性框图（Reliability Block Diagram，RBD）对工业机器人进行建模评估，其中 RBD 用于简化工业机器人系统，风险决策树（Risk Decision Tree，RDT）则用来评估每个组件及整个工业机器人系统的风险，该方法提供了一种在设计阶段预估影响工业机器人系统可靠性的主要部分和对应的风险模式；孙志佳利用灰色理论对工业机器人可靠性与维修性进行评估，他主要研究了威布尔分布模型下的工业机器人可靠性区间估计方法，弥补了点估计方法的不足，并根据区间估计结果划分聚类区间段，改善了以往专家评分主观因素为主导的弊端，另外在系统寿命分布类型选择问题上他没有为了计算简单而选取较为直观简单的指数分布，而是在数据采集和分析的基础上，通过直方图方法来确定分布模型，使分析结果更加符合实际；Yamada A 等将遗传算法与模拟退火方法结合，通过优化工业机器人操作条件来提高工业机器人系统可靠性，并将该方法运用于组装机器人可靠性分析中，取得了不错的效果；考虑到机电系统可靠性具有时效性，传统的可靠性建模分析方法在描述系统动态过程和时间上不足的问题，苏春等在原有动态可靠性建模方法基础上，提出了复杂机电系统可靠性建模可能的发展方向；为了评价工业机器人坐标、点和轨迹精度可靠性，Wu Jinhui 等提出了基于稀疏网格数值积分法鞍点逼近法的综合评价方法；Korayem M H 采用故障模式和影响分析（FMEA）等定性方法确定工业机器人主要故障模式，并对故障风险等级进行编号，以便进行改进提高其可靠性，结合质量功能展开（QFD）方法，确定了工业机器人技术参数的最佳值及所需的可靠性要求；陈胜军用元器件计数法来对工业机器人进行可靠性预测，该方法简单实用，具有工程应用价值。

智能综合管廊巡检机器人自动化程度高，结构复杂，更是集中了大量不同规格品种、不同电压等级和控制功率的电子和电力器件，因此，对其可靠性提出了更高的要求，而机器人系统的控制系统的可靠性主要取决于弱电电子器件组成的控制部分的性能。所谓可靠性是产品在规定的条件下和规定的时间内，完成规定功能的能力。管廊机器人系统的可靠性与使用环境、工作条件、运行情况和维护保养有关，还与各个单元自身的可靠性有关。机器人系统的技术含量非常高，机械零部件配合精度高，制造工艺复杂，控制系统电路复杂，必须适应要求的工作环境，如高温、高湿、高风尘、高振动等条件下运行，这就要求机器人系统各零部件保持良好的可靠性。目前，国内机器人的设计往往只注重机器人的性能指标，而忽略了对其可靠性的审核，结果造成机器人使用过程中的不可靠。由于机器人是一个包括机械、电子、电气、液压气动、计算机等多种类型的元部件和控制软件在内的复杂系统，因此，其可靠性的研究相对来说比较复杂。若将机器人系统的可靠性归结于元器件的可靠性及制造工艺，而忽略了系统设计对可靠性的作用，这样就没有发挥设计方面对系统可靠性的潜力。所以，可靠性设计是保障机器人可靠性的重要工作。由于城市地下环境潮湿恶劣，管道渗水腐蚀等问题严重，除去工业机器人的散热系统外，智能化综合管廊巡检机器人拥有防腐、防护性、联动报警等特色装置。这些设计使得巡检机器人寿命得到了延长，可靠性得到提升。

10.1.1　防腐设计

管廊巡检机器人一般需要进行防腐处理，采用耐腐蚀材料构成外壳并进行表面喷塑处理。管廊巡检机器人内部传感、控制均采用模块化设计，内部电子元器件均采用标准化生产。在原材料管理上，通过符合《IPC J-STD-033B.1-2007》标准的潮敏防护（MSD）控制体系，避免塑封器件受潮失效，并配置除湿机和加湿机，对库房和板卡生产线所处环境进行温度和湿度控制，保证产品制造过程中 ESD 和 MSD 的可靠防护。板件生产过程中，通过全自动三防涂覆生产线完成涂覆的过程，核心设备采用全自动涂覆机，自动上板、下板，过热风隧道炉完成烘干，整个过程无人工干预、接触，确保过程一致性。生产完成后，按照《JB/T- 6174 仪器仪表功能电路板老化工艺规范》对板件进行上电老化，自主研发“老化过程监控系统”

全自动控制老化室环境温度，通过 6 个高低温循环以及电功率等综合作用实现 24 小时不间断运作，对 PCBA 进行老化筛选，确保机器人在潮湿、腐蚀环境下正常可靠运行。

10.1.2 防护性设计

管廊巡检机器人外壳采用一体化结构设计，开盖处通过密封胶条密封处理，连接处均采用工业级进口防水接插件，并测试机器人内部的发热量，选择合适排气量的排风电机，通风口利用防水海绵及滤尘网处理，外设模块均选购工业级高防护性产品并自带加热模块。整机满足 IP31，部分外设可达 IP55 的防护等级，确保管廊巡检机器人在雨天等潮湿环境下正常稳定地长期运行。

10.1.3 防振动设计

运转着的机电设备，无论是以旋转方式运动，还是以往复的方式运动，由于运转中的机械零件或部件之间存在着力的传递，这些零件或部件在力的作用下产生撞击、摩擦形成交变应力或磁性应力而产生了振动。一般来讲，振动都是在某种外力的作用下而产生，其本身也是一种能量。振动能量的一部分是振动体直接向空间辐射而形成空气噪声；另一部分则是通过承载振动体的基础及其结构进行传递而形成结构振动。

一般的机电设备产生的振动可以分为两种类型：一种是稳态振动，另一种是冲击振动。产生稳态振动或冲击振动与造成这种振动的机理有关。例如：持续运转的机电设备产生的振动就是稳态振动，而受到瞬间外力的冲击发生的振动则是冲击振动。两种振动特性不同，控制方法也不同。

从工程角度，人们往往将机电设备产生的振动统称为机械振动。机械振动的分类方法很多，按振动规律可分为：简谐振动、非简谐振动、随机振动；按振动产生的原因可分为：自由振动、受迫振动、自激振动、参变振动；按自由度多少可以分为：单自由度系统振动、多自由度系统振动；按振动体位移特征可分为：角振动、直线振动；按系统结构参数特征可分为：线性振动、非线性振动。

在实际工程应用中，我们应当注意研究和分析振动产生的原因以及它的规律和特性，才能有效地控制振动。其中也包括监控机电设备运行情况、诊断异常振动原因、防止和隔振方法等。

随着现代工业、交通运输业、建筑业以及航空、航天、海洋工程等国防科技工业的飞速发展，促进了能源、材料、电子技术、空间技术的不断拓新，在机械化、自动化控制技术方面不断提高。在科技发展的过程中，大量的电子设备得以开发应用，与此同时，随之而来的问题就是对各类电子设备安全运行和准确可靠提出了更新更高的要求。不良的使用环境，将对精密的电子产品产生一定的影响，其中环境振动问题就已经引起工程技术人员的高度重视，可以说这是科技发展的必然。

振动无处不在，人类就生活在振动的世界里，也就是说，振动是客观存在的自然现象，从物理学的角度看，凡是运动的物体就有振动现象发生。例如汽车、火车、飞机、轮船等，甚至人体内的心脏跳动、肺部呼吸都是一种振动。在某些情况下,由于振动在机械力学、流体力学、电子学、声学、生物工程等诸多领域中都占有很重要的位置,其中包含有用的振动被利用,有害的振动被控制。特别是当振动危及人的生活质量、危及人的工作环境、危及某些电子设备、机械设备的正常使用时,如何能对这类环境振动予以有效控制,将是人们关注的重点。

绝大多数的电子设备并不产生明显振动,也不会对环境带来危害。但是由于电子设备的使用范围非常广泛,使用的领域也非常广泛,所以必然会出现在较高的环境振动条件下安装使用一些先进的 、高精度、高准确度的电子设备。由此而来的是人们如何能有效地控制那些振动,从而确保电子设备的有效使用,就显得十分重要了

管廊巡检机器人在运动过程中将受到振动影响,因此研发团队对机器人进行振动实验和防振动设计。通过振动试验,机器人主要暴露出零部件固定螺丝松动、粘贴部位脱落、支架断裂、管路连接部位断裂、磨损等问题。针对试验过程中暴露的上述问题,主要采取了以下主要技术措施:

(1)增加弹簧垫圈、齿形垫圈以加强紧固件的紧固效果。

(2)采用自锁螺母、双螺母紧固方式以增强紧固件强度。

(3)在紧固螺丝部位加涂防松剂。

(4)在定位片上加铆钉或螺丝固定。

(5)采用尼龙锁紧销钉。

(6)改善支架、架台等结构设计。

(7)增加管路固定位置的数量。

(8)合理调整零部件位置,增加管路连接部位的强度。

(9)增加防护套、减振弹簧等措施,减缓外力对管路连接部位的作用。

通过上述措施,改进了机器人的防振动性能,使机器人能长时间适应管廊环境的运行要求。

10.1.4　散热设计

随着科技的不断进步,机器人逐渐被广泛应用于各种工业领域。机器人长时间工作后,电机较易发热,逐渐老化,特别是在高负荷运转状态下。为了提高电机使用寿命,在机器人上设置散热装置以对电机进行散热。

最初,机器人设计时采用的散热方案大致如下:

第一,在机器人散热外壳表面增加一些通风孔,不仅散热效果不明显,而且水和空气中的灰尘颗粒容易进入,损伤机器人的控制器以及电机等电器元件,电器元件容易老化,增加维护成本,缩短机器人的使用寿命。

第二,在机器人热量集中的位置安装风扇来帮助散热,但是,在没有有效空气对流的情况下,即使安装风扇,热量也很难被排出。

因此有必要克服上述缺点,研究一种散热效果理想的散热型机器人外壳。

针对管廊巡检机器人发热器件的特性及设备内的热环境模型,研发人员设计了机器人内部专用快速风道系统,改变了设备内的散热环境。合理的风道进出口保证了空气对流,有效防止了局部温度过高,全面提升了零部件的抗热能力及使用寿命,减少了故障的发生。同时,内部的传感及控制模块均采用低功耗设计,并通过对热源设备的空间层次布局、采用铝板和外壳的热传导等散热措施,保证管廊巡检机器人内外温度的及时交互,确保机器人在高温环境下正常可靠运行。

10.1.5 防风设计

管廊巡检机器人精密的结构化设计及 H 型驱动结构,使其重心位于整体结构的 1/6 处,整合了高底盘通过性、低重心的双重优势。四轮式的底盘结构使机器人更加扎实,有利于机器人在地面上的稳定运行。同时,实心轮胎的强抓地能力使机器人在运动过程中不易受地面湿滑、陷坑及侧面推力的影响,相对其他材质更适宜全地形运行。另外,机器人本体结构的紧凑设计和高密封性的生产工艺,保证了机器人在室外的安全。

10.1.6 EMC 电磁兼容性设计

电磁兼容性(EMC)是指设备或系统在其电磁环境中符合要求运行并不对其环境中的任何设备产生无法忍受的电磁干扰的能力。因此, EMC 包括两个方面的要求:一方面是指设备在正常运行过程中对所在环境产生的电磁干扰不能超过一定的限值;另一方面是指器具对所在环境中存在的电磁干扰具有一定程度的抗扰度,即电磁敏感性。

电磁兼容的研究是随着电子技术逐步向高频、高速、高精度、高可靠性、高灵敏度、高密度(小型化、大规模集成化)。大功率、小信号运用、复杂化等方面的需要而逐步发展的。特别是在人造地球卫星、导弹、计算机、通信设备和潜艇中大量采用现代电子技术后,使电磁兼容问题更加突出。

国际电工委员会标准 IEC 对电磁兼容的定义为:系统或设备在所处的电磁环境中能正常工作,同时不会对其他系统和设备造成干扰。

EMC 包括 EMI(电磁干扰)及 EMS(电磁耐受性)两部分,所谓 EMI 电磁干扰,乃为机器本身在执行应有功能的过程中所产生不利于其他系统的电磁噪声;而 EMS 乃指机器在执行应有功能的过程中不受周围电磁环境影响的能力。

电磁兼容(Electro Magnetic Compatibility)。各种电气或电子设备在电磁环境复杂的共同空间中,以规定的安全系数满足设计要求的正常工作能力,也称电磁兼容性。它的含义包括:

①电子系统或设备之间在电磁环境中的相互兼顾。

②电子系统或设备在自然界电磁环境中能按照设计要求正常工作。若再扩展到电磁场对生态环境的影响,则又可把电磁兼容学科内容称作环境电磁学。

管廊巡检机器人均采用国内知名品牌工业级电子元器件,电源、通信等模块采用屏蔽、隔离处理,关键信号通过阻抗匹配设计,各设备模块采用等电势共地设计,输入输出接口的滤波和保护设计等技术确保各模块的信号完整性、安全和可靠性。在机壳设计上，针对进出风口、接缝处等区域进行 EMC 防护设计，并对机壳表面进行特殊处理。在电气设计上，管廊巡检机器人采用电源跟信号电缆分开布线，电源线缆加磁环滤波，以及高频等通信信号采用屏蔽线缆，标准的接地设计，保证各模块设备正常运行。

10.1.7 元器件的可靠性选型及控制

电子元器件是电子产品的重要组成部分，想要保证电子产品整机的可靠性，就要选择可靠性良好的电子元器件，并且采用科学的方法应用。

电子产品的主要组成部分是电子元器件，电子元器件的可靠性选择及应用方面直接决定了电子产品的好坏。电子元器件在整机中占的地位已经从基础技术跃升到了核心技术，特别是航空航天等高端科技和大量军用电子装备对电子元器件的可靠性提出了更高要求。因此，研制出控制电子元器件的可靠性方面的规范教材具有重大意义。

电子元器件的可靠性主要是指固有的可靠性与应用方面的可靠性。固有的可靠性主要是由对设计加工制造过程的控制与原材料的质量等共同决定。应用方面的可靠性是指电子元器件对电子产品整个系统的作用，尽可能减少人为因素对电子产品系统可靠性的影响。怎样选择电子元器件及怎样使用电子元器件都是元器件可靠性的重要指标。生产单位不一样，于是生产线上的员工就不同，即使他们都按照相同的质量标准进行生产，其可靠性也会有差异。这就是为什么市场上不同厂家生产的同类元器件却具有不同的可靠性。当不同单位在制造电子产品时，所选用的电子元器件的生产厂家不尽相同，这就造成了产品的可靠性出现差异。只有使电子元器件的应用可靠性满足相关标准的规定，才能保证电子产品的可靠性。制造工艺、制造技术人员及所选材料都会直接影响到电子元器件的固有可靠性，因此，元器件选材和制造时要使其各项参数尽可能精确，并且对可能会出现问题的部分进行分析并做好处理措施，这样才能提高电子元器件的可靠性。

无论是电子元器件的选择还是应用，都不是单单依赖一门学科所能解决的。目前，市面上已有成千上万种元器件，并且各个单位都还在继续生产新型电子元器件，每种元器件都有其特定功能及要求，而电路设计师并没有系统地学习电子元器件的应用可靠性影响参数，因此可能会降低元器件应用可靠性。我国在选用电子元器件方面并没有科学具体的规章管理，只是在军用标准上控制其固有可靠性。但是在研制电子产品时，正是由于设计师等相关技术人员缺乏有关电子元器件应用可靠性的专业知识，所以在检测审批过程中，元器件的选用并没有得到真正有效的控制，这也影响了电子产品的可靠性。

管廊巡检机器人所选用的电子元器件、电机、外设传感、电源、通信、主控等模块的供应商公司均为国内知名品牌，且其研发、生产能力和制造工艺均通过严格审核认证以确保器件的可靠性和一致性。器件性能选型中均考虑降负荷及仿真设计，对关键设备通过试验测试验证其性能参数以确保适用性和可靠性。

10.1.8 联动报警设计

报警联动(action with alarm),报警事件发生时,引发报警设备以外的相关设备进行动作(如报警图像复核、照明控制等)。报警联动监控,就是监控设备,尤其是探照灯在夜间大多数时间可以关闭,而报警系统一般是24小时开启的。报警系统被触发后,报警主机给一个信号到联动模块,从而打开监控设备和探照灯,监控设备与监控主机的AI(模拟量输入)或DI(开关量输入)通道连接,监控主机一旦收到监控设备的报警信号(模拟量报警的机制即是电压超出事先设定的阈值范围产生报警,开关量报警的机制即是通道的开关与事先设定的正常状态的对比,产生变动即为报警),将通过软件预设或硬件(有的产品可以做到硬件的直接联动)输出一个开关量信号到对应的DO(开关量输出)通道,联动与DO通道连接的设备开关。例如:高温报警联动备用空调开启,湿度过低联动加湿机开启,机房漏水联动机房报警系统,非法闯入联动录像和机房照明等报警系统与监控系统的联动。一般情况下是要报警系统提供一个干结点,通过干结点连接到监控主机联动其他设备。

通过与在线监控系统的融合联动,管廊巡检机器人在自身声光报警能力的同时,具备了丰富和多样化的报警方式。报警模式的多样化保证了机器人检测到状态异常或自身体出现状态异常时能够进行有效报警,确保运维人员及时处理。

10.2 安全防护

10.2.1 故障自诊断与报警分析

随着机器人及其计算机控制系统复杂性的增加,机器人系统的可靠性也变得越来越重要,而自诊断设计是提高机器人系统可靠性的主要途径。

机器人计算机故障诊断的具体方式包括:

(1)部件自诊断。即接通电源后,通过自诊断程序对系统内各主要功能电路或功能块以及接口装里做功能检查。这种预先诊断方式是为了及早发现故障,以便用户使用前排除故障。

(2)系统诊断。在工作过程中一旦检出故障,就中断有关作业,进入中断工作状态,对故障做出判断,最后记录或输出判断结果,以便用户采取相应的故障处理对策。

自检模块界面,主要作用是显示管廊巡检机器人当前状态下各个模块的功能是否正常,包括常用模块、电池模块、网络连接模块和安全模块。

当上述任一模块出现异常时,机器人能将故障信息上传到本地监控后台,此时自检模块界面上与发生异常的模块对应的状态栏底色变成红色,并且本地监控后台能发出警报声,主控室的操作人员听到警报声能及时查看出现异常的模块,并处理。

10.2.2 安全运行及异常处理

管廊巡检机器人替代运维人员在管廊的巡检作业,以及大批机器人的上线作业后,管廊巡检机器人的安全运行显得尤其重要。巡检团队通过电源安全设计、通信安全设计、定位导航安全设计、防撞安全设计、防盗等安全设计，来保障管廊巡检机器人在无人管廊的稳定、安全、可靠的运行及作业。

1)电源、底盘驱动安全设计

要实现机器人的自主移动，定位导航技术是关键。由于定位导航技术在实现上具有很高的门槛，基于机器人底盘直接进行上层开发的机器人企业越来越多。它可帮助机器人企业降低研发成本，快速抢占市场先机。

机器人底盘集成了众多不同的传感器，包括激光雷达、视觉、超声波、红外传感器等，以及轮子等必要的悬挂。而将这些硬件进行集合的，则是相应的算法及软件。

稳定性是检验机器人底盘好坏最为重要的标准，其次还包括了能耗、承载能力及后期的维护成本等。

不同的机器人产品对底盘的要求也不相同，如扫地机器人需要低成本的激光导航方案，其他服务机器人需要兼具灵活性与安全性的“激光雷达 + 视觉”的导航方案，工业 AGV 则需要更具精准性的导航方案。

根据机器人底盘种类的不同，目前，市面的机器人底盘主要有履带式及轮式机器人底盘之分。

履带式机器人底盘在特种机器人身上使用较多，可适用于野外、城市环境等，能在各类复杂地面运动，例如沙地、泥地等，但速度相对较低，且运动噪声较大。

轮式机器人底盘是目前服务机器人企业使用较多的底盘，主要有前轮转向后轮差速驱动、两轮驱动 + 万向轮、四轮驱动之分。

1)前轮转向＋后轮驱动

前轮转向＋后轮驱动的轮式机器人底盘主要采用电缸、蜗轮蜗杆等形式实现前轮转向，后轮只要一个电机再加上差速减速器，便可完成机器人的移动要求。具有成本低、控制简单等优点，但缺点在于转弯半径较大，使用相对不那么灵活。

2)两轮驱动 + 万向轮

两轮驱动 + 万向轮可根据机器人对设计重心、转弯半径的要求，将万向轮和驱动轮布置不同的形式，结构及电机控制也相对简单，机器人灵活性较强，且算法易控制。

3)四轮驱动

四轮驱动在直线行走上能力较强，驱动力也比较大，但成本过高，电机控制较为复杂，为防止机器人打滑，需要更精细的结构设计。

从灵活性上来说，两轮驱动 + 万向轮的轮式机器人底盘更具优势，思岚科技的机器人底盘 ZEUS 就采用了这种结构的设计。它能做到自主定位建图、路径规划及自主避障等功能，可在各种障碍物之间穿梭自如。

ZEUS 机器人底盘作为底盘界的老大，不仅能识别周围环境，还能清楚了解自己所在位置，同时采用 Sharp Edge 构图技术，构建厘米级高精度地图。

除了搭载自主研发的雷达及定位导航系统，ZEUS 还配备了深度摄像头、超声波、防跌落等传感器，保证机器人的安全运行，防止机器人出现碰撞现象。

当然，ZEUS 不仅为机器人提供了最基本的行走能力，同时还支持虚拟墙和虚拟轨道、自主返回充电、第三方应用拓展及楼层建图导航，自动电梯控制等多种功能。

在机器人行业日益火热的现状下，机器人底盘的出现无疑降低了其他企业进入机器人行业的门槛，同时，也为移动机器人的规模化发展铺平了道路。

电池选用国内知名厂商，宽温磷酸铁锂电池，并具有过放、过充、短路、低压、过流等保护功能。在本地监控站始终有电池电压显示且电池电压报警值能预先设置，当电压低于预设值时在本地监控后台具有明显的声和光提示。

底盘驱动模块具有自身高压、低压、过流、短路、断路、过温、通信实时监测功能，发生异常时自动停车并能上报错误状态。驱动系统是按控制系统发来的控制指令驱动执行机构运动的装置。工业机器人常用的驱动方式有三种：电气、液压和气压驱动。随着人们对工业机器人定位精度要求的提高，现在工业机器人普遍采用电气驱动方式，液压和气压驱动逐渐被淘汰。 一般对于关节型工业机器人，为了提高其定位精度和灵活性，在每一个关节处采用一个逆变器，通过控制伺服电机的正反转来实现对工业机器人关节的控制。华数 XX 型工业机器人采用 HSV-150 系列伺服驱动，主要特点有：

（1）结构紧凑、体积小，易于安装、拆卸；

（2）支持 Ether CAT、CAN 总线通信方式；

（3）支持转矩控制、速度控制、位置控制。

采用专用驱动器驱动三项桥式逆变电路，构成（PWM）逆变器，实现了降低成本，简化驱动电路的目标。从控制系统发出的指令经过处理后，由 DSP 控制器接收指令，实现对电机的驱动，再通过增量式编码器将电机的信息反馈给 DSP 控制器，图 10-1 是伺服驱动系统的功能结构图。

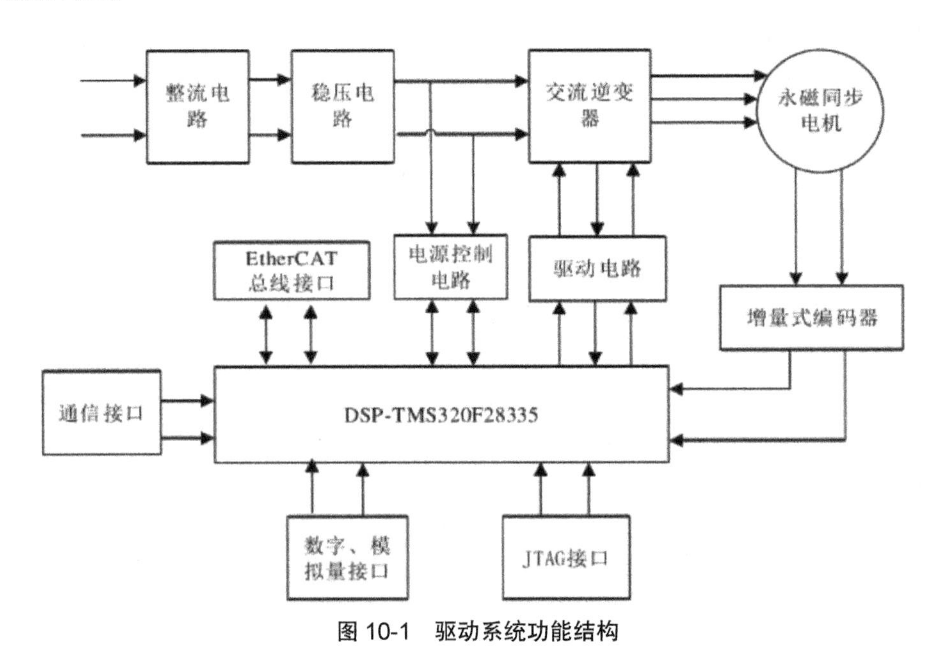

图 10-1 驱动系统功能结构

由此可知驱动系统主要组成及功能:

整流器:主要是为了获得直流工作电压,起保护负载和逆变器的作用。

伺服电机:能随时把信号传给系统,同时按系统给出的信号修正自己的运转。

增量式编码器:一种比较精确的检测装置,常用来反映位置变动,如位移大小、方向、角度等的变化。

稳压器:稳定输出电压。

(PWM)逆变器:逆变器与整流器的工作原理相反,它将直流电变为三相的交流电,实现对伺服电机的控制。

10.2.3　通信安全设计

通信系统大体由三部分组成:发送端(信源和发送设备)、信道接收设备(信宿和接收设备)、噪声源。信源即信息的来源,其作用是将原始信号转换为相应的电信号,即基带信号。发送设备的功能是对基带信号进行各种变换和处理,比如放大和调制等。信道就是传输信号的传输介质,信宿就是信息的接受者,与信源相对应。接收设备的功能与发送设备的功能相反,将接收到的信号进行处理和变换。噪声源就是信道中的噪声以及分散在通信系统其他各处的噪声的集中表现。

通信系统按通信业务(即所传输的信息种类)的不同可分为电话、电报、传真、数据通信系统等。信号在时间上是连续变化的,称为模拟信号(如电话);在时间上离散、其幅度取值也是离散的信号称为数字信号(如电报)。

模拟信号通过模拟—数字变换(包括采样、量化和编码过程)也可变成数字信号。通信系统中传输的基带信号为模拟信号时,这种系统称为模拟通信系统;传输的基带信号为数字信号的通信系统称为数字通信系统。

管廊巡检机器人核心控制单元和数据采集、数据处理、智能控制单元的信息交互是通过工业级高速总线完成的通信连接。针对管廊电磁干扰,高速总线选用带隔离的差分信号传输,物理层具有较强的抗干扰能力。通过总线数据监测及物理分离解决数据链路层的数据冲突问题。网络层通过通讯心跳机制确保各模块是否处于正常工作状态,当检测到模块工作异常时,管廊巡检机器人立即停止运行,并且把错误状态上传给上位机。

10.2.4　定位导航安全设计

导航是一个研究领域,重点是监测和控制工艺或车辆从一个地方移动到另一个地方的过程。导航领域包括四个一般类别:陆地导航、海洋导航、航空导航和空间导航。这也是用于导航员执行导航任务所使用的专业知识的艺术术语。 所有导航技术都涉及定位与已知位置或模式相比较的导航仪的位置。在更广泛的意义上,导航可以指涉及确定位置和方向的任何技能或研究。在这个意义上,导航包括定向运动和行人导航。观测导航:利用某种观测仪器(包括肉眼)经常地或连续地对所熟悉地物或导航设施进行观测,以便确定运动物体的位置和运动方向的一种导航。

导航系统主要有以下种类:

(1)推算法导航:根据运动物体的运动方向和所航行的距离(或速度、时间)的测量,从过去已知的位置推算当前的位置,或预期将来的位置,从而可获得一条运动轨迹,以此来引导航行。

(2)天体导航:通过观测两个以上星体的位置参数(如仰角),来确定观测者在地球上的位置,从而引导运动体航行。

(3)无线电导航:借助于运动体上的电子设备接收和处理无线电波来获得导航参数的一种导航。

管廊巡检机器人采用基于 SLAM 导航技术实现定位导航。我们针对传感器层面、执行层面、系统侧面分别设计了失效诊断机制,对定位导航功能进行实时监测。传感器层面的失效诊断包括对传感器数据采样周期、数据有效取值范围进行监测;执行层面对执行机构关键参数进行实时测量,并且根据控制量(控制指令)估算系统实际执行偏差,将执行偏差限制在设计范围内;系统层面上设计了对管廊巡检机器人定位状态、姿态的冗余的估计算法,实时监测管廊巡检机器人偏离预设轮式程度、管廊巡检机器人侧翻打滑等多种失效情况。在以上三个层面的实时监测都会将结果反馈到控制逻辑内部,确保失效情况出现能迅速做出应急控制动作。

10.2.5 防撞安全设计

当代机器人技术的快速发展和应用推动了人类社会的进步,有效替代了大量的人工劳动,使生产能力和效率得到很大的提高。防撞设计分为非接触式和接触式。

非接触式防撞是移动机器人通过非接触式的传感器探测障碍物与本体的距离,根据距离调节速度或停止运动,达到防撞的目的。这种方式由于可以提前感知,是最安全和平稳的防撞方式,也是目前主流的应用和发展方向。

接触式防撞是通过接触式的传感器感知障碍物,这种方式是没有预见性的,直到接触到障碍物才会触发保护机制,不如非接触式防撞安全,但是不可或缺。这是保护的最后一道防线,不会被环境等因素干扰。当非接触式传感器失灵,它会保证移动机器人不会产生更严重的破坏。

管廊巡检机器人由光电传感模块、碰撞传感模块、异常加速及振动检测机制三重安全机制组成的防撞安全系统,最大程度保证机器人及现场设备的安全性。管廊巡检机器人正常运行过程首先通过光电传感模块同时探测周围环境的障碍物,当探测到的障碍物距离管廊智能巡检机器人预警值时,机器人自动减速慢行,直至报警值时立即停车并报警上传。同时,碰撞传感、异常加速度及振动检测机制与光电传感构成多重安全保障,在光电传感失效情况下,防止与障碍物发生激烈碰撞,并进行系统安全报警。

参考文献

[1] 张巍. 城市地下综合管廊的现状及发展探索 [J]. 工程技术研究,2019,4(13):28-29.

[2] 张世宇, 眭小红, 赵瑜, 等. 管廊巡检机器人技术分析 [J]. 信息记录材料,2021,22(07):94-95.

[3] 秦汉. 机器人技术的发展与应用综述 [J]. 赤峰学院学报（自然科学版）,2018,34(02):38-40.

[4] 陈文强. 工业机器人的研究现状与发展趋势 [J]. 设备管理与维修,2020(24):118-120

[5] 张涛, 丁宁, 蔡晓坚等. 综合管廊巡检机器人综述 [J]. 地下空间与工程学报,2019,15(S2):522-533.

[6] 李金良, 芦伟, 宗成国等. 管廊消防巡检机器人设计与分析 [J]. 机床与液压,2021,49(11):7-11.

[7] 李昌, 朱婷. 地下管廊小型巡检机器人设计研究 [J]. 电子制作,2021(10):5-7.

[8] 刘贵. 地下综合管廊健康监测管控系统 [J]. 福建建筑,2021(04):118-121.

[9] 张申毅, 樊绍胜, 程嘉翊等. 基于 STM32 的轨道式巡检机器人控制系统的设计 [J]. 仪表技术与传感器,2020(09):93-97.

[10] 吕灿. 基于 SS-YOLO 算法的管廊巡检机器人视觉检测技术研究与实现 [D]. 重庆邮电大学,2020.